KB264406

가정교육시리즈 ③

학습지도란

부모의 역할·학습지도·도서지도

가정교육시리즈 ③

학습지도란

부모의 역할 · 학습지도 · 도서지도

권 이 종 지음

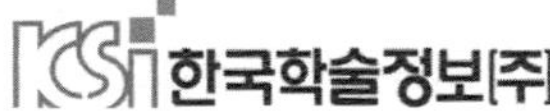
한국학술정보㈜

연구위원 ————————————————————————

책임연구원 : 권이종
연 구 원 : 김정임

머리말

　가정교육을 통하여 우리 어린이들을 어떻게 건강하고, 행복하게 교육할 것인가를 함께 고민해 보는 기회를 갖는 것은 매우 의의 있는 일이다.

　오랜 세월을 통해 한결같은 책임감으로 어린이 및 부모 교육에 이바지해 온 나는 밝은 내일을 창조하는 성실한 역군으로 아동의 정서 함양과 지능 계발을 포함하여 우리네 가정교육이 안고 있는 문제점을 인식함으로써 그 지침이 될 이 같은 책자를 구상하여 펴내게 된 것을 참으로 다행스럽게 생각한다.

　가정이 인간 생활의 기본 단위가 된 이래, 그 형태와 구성요소가 어떠하든 가정은 어린이 기초교육의 보금자리가 되어 왔다. 흔히들 교육은 유치원이나 초등학교 교육에서부터 시작하는 것으로 생각하기 쉽다. 그러나 이것은 잘못된 생각이다. 세 살 버릇 여든까지 간다는 말은 유아기에 주위로부터 배우고 영향을 받은 모든 것이 뒷날 그 사람의 인성·지능·예절·건강 등에 큰 비중을 차지한다는 것을 뜻한다.

　교육은 이미 모체의 태내에서부터 비롯되어야 하고, 출생을 거쳐 유아시절의 가정에서 끊임없이 계속되어야 한다. 그러한 마음가짐과 실천이 곧 가정교육의 시작인 것이다. 이처럼 한 인간이 성장하는데 있어 어린 시절은 주위환경으로부터 영향을 가장 많이 받는 시기이고, 또 모든 교육의 기초가 되는 것이 가정교육이고 보면, 굳이 어린 시절의 가정교육의 중요성은 새삼 강조할 필요도 없다.

　그러나 시대는 숨가쁘게 변하고 있어 사회의 구조와 기능이 복잡해짐에 따라 오늘날의 우리 가정은 교육적 기능이 많이 약화되어 있다. 할아버지·할머니·삼촌 등 여러 가족 구성원들이 더불어 생활하는 대가족 제도는 차츰 사라지고, 이제 우리 주변에서는 부모와 자녀만으로 이루어진 이른바 핵가족 형태를 쉽게 볼 수 있게 되었다.

또한 현대사회의 산업화·도시화·정보화에 따라 도시나 농촌의 생활은 날로 이웃과의 관계를 멀리한 채 고립되어 가고 있다. 또한 직장 및 다양한 사회생활로 말미암아 가정 밖의 생활을 하는 어머니가 많아졌으며, 각종 대중 매체는 물밀 듯이 우리들의 안방에 깊이 침투해 있다. 이러한 가운데 우리의 자녀들을 점점 방치된 상태이거나, 아니면 부모들의 지나친 보호를 받으면서 자라고 있는 실정이다.

이와 같은 상황에서 부모님들은 자녀들의 가정교육을 어떻게 실시해야 할까? 어떻게 하면 우리의 자녀들을 보다 건강하고 보다 착하고 슬기롭고 지혜로운 인간성을 지닌 사회의 일원으로 성장시킬 수 있을까?

이러한 문제는 우리 보모님들의 한결같은 고민이자, 반드시 해결해야만 하는 과제인 것이다. 그러나 안타깝게도 우리 부모님들은 가정에서 자녀 교육을 위해 무엇을 어떠한 방법으로 해야 하는지 실제로 너무나 모르고 있다.

우리나라의 부모님들은 가정교육에 대하여 다른 어느 나라의 부모님들보다도 지나칠 정도로 관심을 가지고 있는 편이다. 그럼에도 불구하고 우리나라에는 가정교육을 위하여 부담 없이 쉽게 읽고 이해할 수 있는 책자도 거의 없는 형편이다. 덴마크는 오랜전통 속에서 틀이 잡힌 훌륭한 가정교육과 사회교육으로 어린이와 여성(특히 농촌 여성)을 계몽하여 민족주의 실현,

민족문화의 창달과 혁신, 그리고 국가발전에 기여한 바 있다.

저자는 독일에서 평생교육과 청소년교육을 전공한 사람으로서, 이와 같은 책자 개발을 통한 부모 계몽의 일환으로, 가정에서 자녀 교육에 대한 부모님들의 궁금증을 다소나마 풀어주고, 우리 어린이들의 장래에 중요한 영향을 미치게 될 가정교육을 성공적으로 이끌어 감은 물론, 나아가 국가 사회발전에 이바지 하고자 가정교육에 있어서 중요한 11가지 주제를 선정하여 시리즈로 꾸며 보았다.

이 부모용 가정교육 시리즈는 우선 가정교육에 관한 전반적인 사항을 종합적으로 다루었고, 이어서 가정환경, 가족관계, 부모의 역할, 가정에서의 생활교육, 가정에서의 성교육, 진로지도, 학습지도, 독서지도. 사회성지도, 그리고 TV와 어린이의 영향 등 11개의 가정교육 주제에 대하여 차례로 집필하였다. 이 책은 1, 2, 3부로 부모의 역할, 학습지도 그리고 도서지도 순으로 엮었다. 우리나라의 부모님들이 가정에서 자녀들을 교육하는데 있어 이 책이 조금이라도 도움이 된다면 큰 기쁨이겠다.

끝으로, 이러한 내용이 작은 책자로 출간될 수 있도록 기회를 주신 한국학술정보 채종준사장님께 깊은 사의를 표한다.

2004년 5월
한국교원대학교 교수
권 이 종

차 례

2부 학습지도

3부 도서지도

1부
부모의 역할

Ⅰ. 진로 지도란 무엇인가?

1. 진로 지도의 의미는?

진로 지도라 하면 흔히들 최종 학교 졸업 때나 가서 직업을 선택하고 취직하는 문제로 생각합니다. 또는, 중학교에서 고등학교를 간다든지 고등학교에서 대학을 가는 등, 단순히 상급 학교 진학을 둘러싼 문제로만 이해하는 사람들도 있습니다.

그러나 진로 지도의 의미는 이들을 포함한 보다 넓은 범위에서 이해되어야 합니다. 여기서 한 예를 들어 알아보기로 하겠습니다.

서울에서 제주도까지 가는 방법은 여러 가지가 있습니다. 한 번에 비행기로 갈 수도 있고, 서울에서 부산까지는 기차나 고속버스로 가고 부산에서 제주도까지 비행기로 가는 방법도 있을 수 있습니다. 또, 목포까지 기차나 고속버스로 가고 그 곳에서 배로 갈 수도 있습니다. 이 여러 방법 중 여행 시간을 절약해야 한다든지 배멀미를 하는 상황이라면 비행기를 타야 할 것이고, 경치를 구경하면서 여행의 멋을 마음껏 즐기고 싶다면 비행기를 타지 않는 방법을 선택해야 할 것입니다. 결국 여러 가지 방법 중 어느 것을 선택하느냐에 따라 좋은 여행이 될 수도 있고 그 반대일 수도 있습니다.

이와 마찬가지로 사람이 일생을 살아가는 방법에는 여러 가지가 있으며, 그에 따라 일생이 행복할 수도 불행할 수도 있습니다. 바로 일생을 행복하고 보람 있게 살아가는 방법, 또는 그 길을 가르쳐 주는 것이 진로 지도라 할 수 있습니다.

특히 진로 지도의 의미는 인간이 일생 동안 행하는 '일'과 밀접한 관계가 있습니다. 누구나 살아가면서 일을 하게 된다는 것은 매우 중요한 사실입니다. 그런데 하나의 일을 갖게 되기까지는 오랜 시간과 여러 과정을 거치게 됩니다. 정규 교육 기관이나 사회 교육 기관을 통하여 지식을 쌓고 각종 단체 활동과 기타 강좌들을 통해 여러 가지 경험을 하게 됩니다.

이러한 과정에서 학교를 선택하고 전공을 결정하며 필요한 지식과 기술을 습득하고 개인의 소질을 개발함은 물론 사회의 요구를 이해하도록 지도하는 모든 활동이 진로 지도에 포함됩니다. 한 마디로 말하여 장래에 대한 설계를 위해서 준비하는 과정을 도와주는 것이 진로 지도입니다.

2. 진로 지도는 왜 해야 하나?

추운 겨울날, 수험생 자신은 가라는 대학에, 형은 나라는 대학에, 누나는 다라는 대학에 각각 나가 집에서 연락병 역할을 하고 계시는 어머니에게 입학 원서 접수 상황을 보고합니다. 마감 시간이 가까와 오자, 이들 가족은 한 곳에 모여 경쟁률이 낮거나 미달되는 과에 원서를 넣고는 돌아섭니다. 불과 몇 분 만에 이 수험생의 진로는 어느 정도 정해진 것입니다.

이는 우리의 대학 진학 풍경, 우리 자녀들의 진로가 결정되는 방식을 단적으로 나타내 주는 모습입니다. 대학에서 학과를 선택하는 것은 일생의 직업을 선택하는 것과 거의 마찬가지 일입니다. 왜냐하면, 대학의 학과 선택은 직업을 결정해 주는 일과 직결되기 때문입니다. '유아 교육 학과'를 선택했다면 그것은 '유아 교육'에 관한 어떠한 자격이 거의 일생 동안 따라다니게 되는 것입니다.

그럼에도 불구하고 학교 측은 학교 측대로 '성적'이라는 결과만을 가지고 지원 학과를 선정해 주고, 부모는 부모대로 자녀의 능력과 적성은 생각하지 않고 부모 자신의 욕망과 뜻을 주장합니다. 이 가운데에서 우리 대부분의 자녀들은 갈팡질팡하다가 눈치와 배짱으로 한 순간에 자기의 진로를 결정하고 있는 실정입니다. 그리고 이 같은 현상은 진학 문제를 결정할 때 뿐만 아니라 학교를 졸업하고 사회에 진출할 때까지도 되풀이됩니다.

사람은 누구나 일을 하면서 살아가게 마련입니다. 이때 자기가 하고 있는 일이 마음에 들고 진정으로 보람을 느낀다면 그 사람의 삶은 보다 행복할 것이고 그렇지 못하다면 그만큼 불행할 것은 당연한 일입니다.

과연 일생의 직업과 관련 있는 진로 선택을 한 순간의 판단에 맡겨 버릴 수 있는 일일까요? 무엇인가 근본적으로 잘못 되어 가고 있습니다. 능력과 적성을 고려하지 않고 원하지 않는 전공을 선택하게 되면 자기의 능력을 최대한으로 발휘할 수 없음은 물론 불만족스러운 생활을 하게 됩니다 이러한 현상은 개인적으로 불행을 가져올 뿐 아니라 사회 ·

국가적으로도 크나큰 인력의 낭비를 낳게 됩니다. 그런데 어느 조사 결과에 의하면, 전체 대학생 대부분이 그들이 택한 전공에 불만을 표시하고 있다고 합니다.

이러한 사실들을 볼 때 그 동안 진로 지도를 얼마나 소홀히 해 왔는지 알 수 있습니다. 물론 우리 상황에서는 바늘 구멍에 낙타 들어가기보다 더 어렵다는 대학이니 우선 들어가고 보자는 마음에서 이 같은 현상이 일어난 것이겠지요. 하지만 반드시 그런 것만은 아닙니다. 평소에 진로 지도를 제대로 했다면 이런 현상은 일어나지 않을 것입니다.

오늘의 산업 사회에는 매우 많은 직업이 있습니다. 그저 부모로부터 농사짓는 일이나 가내 수공업 일을 배워서 대대로 물려오던 때와는 확실히 달라졌습니다. 고도의 산업화가 이루어지고 과학 기술 문명의 발달에 힘입어 직업도 점점 세분화되어서 새로운 직종이 수도 없이 늘어나고 있습니다. 전 세계적으로 60년대만 해도 5만여 종에 불과하던 직업이 80년대에는 40만여 종으로 대폭 늘어났으며 앞으로도 계속 늘어날 추세입니다.

그럼에도 '넌 이 다음에 커서 무엇이 되겠느냐?'는 질문에 아직도 많은 어린이들이 대통령이 되겠다는 식의 대답을 하는 데는 무엇인가 문제가 있다고 생각되지 않습니까? 대통령이 되겠다는 대답에는 흡족해하며 웃지만, 만일 자동차 수리공이 되겠다고 하면 무슨 포부가 그것밖에 되지 않느냐며 자녀의 말을 일축해 버릴 것입니다. 실현 가능성이 희박한 직업만을 내세우다 정작 아이 자신은 전혀 원치 않는 진로를 선택하는 것이 좋겠습니까? 아니면 비록 인기 있는 직업은 아니더라도 본인이 원하며 구체적으로 실현할 수 있는 진로를 선택하는 것이 좋겠습니까? 건축가가 되겠다, 통신원이 되겠다, 회계사가 되겠다는 등 될 수 있는대로 여러 가지의 대답이 어린이들에게서 많이 나올 수 있도록 해야 합니다. 공부는 왜 해야 하며 일은 왜 필요하고, 이 사회에는 어떤 종류의 직업들이 있으며 그 중에서도 나에게 맞는 직업은 무엇인지 탐색할 기회를 갖도록 해야 합니다.

특히 오늘날과 같이 물질 만능주의 가치관이 만연해 있는 사회에서는 그저 돈만 벌면 된다는 식의 사고방식을 갖게 합니다. 부모가 자녀들을 대할 때에도 공부를 열심히 해야 훌륭한 사람이 된다는 말 대신에 공부를 열심히 해야 이 다음에 돈 많이 벌어 잘 살 수 있다는 말을 하는 부모가 더 많습니다. 때문에 현재 우리 사회에는 이왕이면 애써 땀 흘리는 직업보다는 쉽게 돈을 벌 수 있는 직업을 택하려는 경향이 강합니다. 이러한 그릇된 사고방식을 바로잡기 위해서도 우리의 2세들로 하여금 건전한 진로관을 지닐 수 있도록 해야 합니다.

Ⅱ. 부모의 진로 지도는?

1. 자녀에의 기대

사람은 누구나 크건 작건 간에 어떤 희망 내지 욕망을 지니며 삽니다. 어찌 보면 그 희망과 욕망을 성취하기 위해 애쓰는 과정이 삶이라고 할 수 있겠지요.

여기에서 욕망은 물론 자기 자신에 관한 것이 우선이겠지만, 자식을 가진 부모로서는 자녀에 대한 욕망도 대단한 관심거리이게 마련입니다. '이 아이를 누구보다 훌륭히 키워야 할 텐데 어떻게 하면 좋을까?', '이 아이의 장래를 어떻게 이끌고 나가야 할까?' 하는 것은 모든 부모의 공통된 관심거리입니다.

따라서 부모가 자식에게 거는 기대는 당연히 크지 않을 수 없습니다. 물론 개인에 따라 그 정도의 차이는 조금씩 다르겠지만, 부모 자신 성공적인 삶을 살아 온 부모나 그렇지 못한 부모나, 자식에게 거는 기대가 큰 것은 매한가지입니다.

심리학의 전문 용어에 '투사(投射)'라는 말이 있습니다. 이는 자신이 이룰 수 없었던 욕망이나 동기가 다른 사람에게 귀속화되는 것을 가리키는 말입니다. 이를테면 '장가들고 싶은 총각이 뒷집 처녀 시집가는 문제를 걱정하는 심리'를 일컫는 말입니다.

자녀의 진로에 대해서 부모가 갖는 욕망도 이와 비슷한 심리에서 오는 경우가 있습니다. '나야 이 모양 이 꼴로밖에 못 살지만 너는 꼭 성공해서 잘 살아야한다.'고 강조하는 부모가 있다면 그는 자녀의 장래 속에 자신의 욕망을 투사하고 있는 것입니다.

딸아이는 피아노에 소질도 없고 또 흥미를 보이지도 않는데 결사적으로 피아노 공부를 시키는 어머니가 있습니다. 이 어머니는 자식을 위한다는 미명하에 자신이 이루지 못한 소녀 시절의 꿈, 화려한 차림으로 무대에서 아름다운 선율을 연주하고 청중의 박수갈채를 받는 피아니스트가 되려 했던 자신의 꿈을 딸에게서나마 이루고자 애쓰는 것입니다.

부모의 이러한 욕망에 못 이겨 차라리 팔이라도 다쳐서 피아노를 치지 않았으면 좋겠다는 어린이가 있는가 하면, 원치 않는 일을 강요하는 부모에 대한 반항의 표시로 가출 소동을 벌이는 어린이도 있습니다. 이는 모두 자신이 이루지 못한 꿈을 자녀에게 기대하는 부모의 지나친 욕망에서 비롯된 일들입니다.

한편 자신이 유난히 흥미를 느꼈던 직업을 자녀에게 계승시키려는 부모도 있습니다. '내가 의사이고 네 할아버지도 의사이셨으니 너는 꼭 가업을 계승하여 의사가 되어야 한다.'며 예술 방면에 소질이 있는 아들에게 재수, 삼수를 시키면서 오로지 의과 대학 입학만을 강요하기도 합니다.

이렇게 부모들은 자녀에게 합당하다고 생각되는 직업을 자기 나름으로 미리 정해 놓고 그 방향으로 자녀를 유도하는 경향이 있습니다. 이런 부모들은 '너는 교수가 되어야 한다.', '너는 피아니스트가 되어야 해.' 하며 아주 구체적으로 방향을 결정하여 제시까지 하곤 합니다.

바로 이 같은 생각에서 부모의 높은 교육열이 파생된 것입니다. 공부 이제 그만 하라는 말을 하는 부모가 없습니다. 아이들을 보기만 하면 오로지 '공부하라'는 말만 할 뿐입니다. 초등학교에서부터 공부를 잘 해야 중학교, 고등학교를 거쳐 일류 대학의 인기 학과에 무난히 합격할 수 있으며, 그래야만 의사가 될 수 있고 법관이 될 수 있고 탄탄한 장래가 보장될 수 있다는 것입니다. 어려서부터 피아노, 미술, 컴퓨터 등 몇 개의 학원에 보내고 좋은 학군에 위치한 고등학교에 자녀를 입학시키기 위해 가족이 떨어져 사는 일도 마다하지 않으며, 입시를 앞두고는 자녀와 함께 밤을 지새우는 부모가 적지 않습니다.

그러나 이와 같은 부모의 노고와 희망에 찬 기대와는 달리 별로 좋지 못한 결과로 끝나 버린 경우도 허다합니다. 이렇게 된 데에는 물론 여러 가지 이유가 있겠지만, 자녀의 능력과 소질은 고려하지 않고 자신의 욕망을 이루어 보려는 부모의 허욕에 가장 큰 원인이 있습니다.

2. 자녀의 진로와 부모의 역할

그렇다면 자녀의 진로를 위해 부모가 할 일은 무엇인지 여실히 드러난 것이 아닐까요? 부모 자신의 욕망을 누르고 자녀가 지니고 있는 능력이나 소질 등을 있는 그대로 파악하여 자녀의 진로 방향을 그에 맞추어야 할 것입니다.

물론 이렇게 하기에는 많은 어려움이 따르리라 생각됩니다. 다행히 자녀가 능력도 있고 부모가 원하는 직업의 적성도 갖추고 있을 뿐만 아니라 자녀 자신도 그 직업을 원한다면 어려움은 없을 것입니다.

하지만 이 세상 모든 사람들이 같은 얼굴이 없는 것처럼 각자가 지니고 있는 능력이나 좋아하는 분야 등은 서로 다르게 마련입니다. 지능 지수가 높고 일 처리 능력이 뛰어난 사람이 있는가 하면 그렇지 못한 사람도 있습니다. 특별히 문학에 심취해 있는 사람이 있는가 하면 과학 분야에 남다른 관심을 갖고 있는 사람도 있습니다.

결국 대부분의 경우 자녀가 지니고 있는 능력이나 취미·소질, 잠재능력 등은 부모의 기대와 다를 수밖에 없습니다. 이때 자녀의 능력과 적성을 세밀히, 그리고 객관적으로 파악하지 못한 부모일수록 자녀에게 지나친 기대를 걸고 결과적으로는 그것이 자녀의 진로를 잘못 이끌곤 합니다. 반대로 자녀의 능력은 어느 정도이고 좋아하는 분야는 무엇이며, 그 방면의 직업 세계 실정은 어떠한지를 현실적으로 냉철하게 판단하는 부모는 성공적인 진로 지도를 할 수 있습니다.

진로 지도에 임해야 할 부모의 태도

필자에게는 예전부터 가깝게 지내 온 의사 친구 하나가 있습니다. 이 친구에게는 외아들이 있었는데, 그는 어려서부터 책읽기를 무척 좋아했습니다. 역사 소설이건 탐정 소설이건 닥치는 대로 읽어 대었습니다. 내가 그 집에 놀러 가면 자기가 쓴 글이라며 한번 읽어 보라고 내주면서 은근히 소설가의 꿈을 내비치기도 했습니다. 그러나 친구는 아들이 의사가 되기를 바랐습니다. 하나밖에 없는 아들이니 자신의 직업을 계승해야 한다는 것이었습니다.

하지만 그 아들은 소독약 냄새 때문에 진료실 근처에도 가기 싫어할 뿐만 아니라 아버지 책상에 놓여 있는 해부학 책 따위에는 관심조차 없었습니다. 그럼에도 불구하고 아버지의 성화에 못 이겨 힘들게 의과 대학에 진학했지만 결국 적응하지 못하고 도중에 중단하고 말았습니다.

이 같은 일은 그리 흔치는 않지만 우리 주변에서 가끔 일어나는 일입니다. 이 경우 과연 이 아버지의 진로 지도는 옳았다고 할 수 있을까요? 아들이 좋아하는 책을 한 권이라도 더 사다 주고 그 책에 대하여 같이 토론하며 소설가의 꿈을 격려해 주었다면, 그 아이는 아마 지금쯤 낙오자가 아니라 반짝이는 샛별로 문단에 등장하여 정상을 향해 정진하고 있을 것입니다.

세계적으로 가정교육의 우수성을 평가받고 있는 유태인은 자녀에게 일방적이고 지나친 기대는 하지 않는다고 합니다. 그들에게는 자녀를 통해 자신의 욕망을 이룬다는 생각은 용납될 수 없습니다. 그들에게 있어 자녀는 흔히 우리네 부모들이 생각하듯이 자신의 소유물이 아닙니다. 하나님의 뜻에 따라 이 세상에서 올바르게 양육시켜야 할 존재입니다. 그 때문에 무엇보다 자녀의 독립된 인격을 존중하며, 이를 바탕으로 하여 어려서부터 자녀의 재능과 적성에 부합된 철저한 진로 지도를 실시함으로써 어느 분야에서건 사회에서 쓸모 있는 사람이 되도록 한다고 합니다.

유태인 부모의 이 같은 자녀 교육 정신이 우리에게 주는 교훈은 크다고 하겠습니다. 진정으로 자녀의 복된 장래를 위한다면 부모는 자신의 욕망을 누르고 이성적인 태도로 자녀의 진로 지도에 임해야 할 것입니다.

한 개인이 진로를 결정하기까지에는 신체적 조건, 학업성적, 적성 및 취미, 가정환경, 부모의 권유, 매스컴 등 여러 가지 영향을 받게 됩니다. 그런데 이들 중에서도 개인의 적성 및 취미 요인이 가장 크게 작용하고, 그 다음으로 가정환경 요인과 부모의 권유가 크게 작용하는 것이 조사 결과 나타났습니다.

또한 피터스(Peters)라는 학자가 미국 미주리의 고등학교 3학년 학생 수 백명을 대상으로 그들의 직업 선택에 가장 크게 영향을 주는 인물을 조사했습니다. 그 결과에 의하면 부모가 가장 큰 영향을 주고, 다음으로 친구, 교사, 친척의 순으로 나타났습니다. 피터스의 연구와 유사한 여러 다른 연구 결과들에서도 대체로 '부모'가 어떤 인물보다 진로 결정에 가장 큰 영향을 주는 것으로 나타났습니다.

한편 어른이 된 후 직업에 적응하는 정도와 어린 시절 생활과의 관련에 관한 연구에서도 의미 있는 결과가 나왔습니다. 그 결과에 의하면 어린 시절의 경험, 특히 가정생활과 부모의 태도가 후일의 직업에 얼마만큼 적응할 수 있느냐를 좌우하는 데 절대적인 영향을 미친다고 합니다. 좀더 자세히 살펴보면, 부모에 대한 애정이 두터웠고 행복한 가정 분위기에서 가족간에 좋은 유대 관계를 맺으며 독립적인 생활을 한 아이는 어른이 된 후 그의 직업에 만족하며 잘 적응한다고 합니다. 반면에 부모에 대한 반감이 높았으며 무질서하고 불화가 심한 가정에서 버릇없이 마구 자란 아이는 적응을 잘 못한다고 합니다.

직업은 어른이 되어서 갑자기 선택하게 되는 것이 아닙니다. 어려서부터 쌓인 경험들이, 또 그를 둘러싸고 있는 여러 요인들이 복잡하게 얽히어서 결정되는 것입니다.

그러면 어머님의 자녀 진로관은 어떻습니까? 혹시 어머님의 자녀는 피아노 학원에 가기 싫다고 하는데 어머님께서 억지로 보내고 있지는 않는지요? 연극배우를 희망하는 자녀에게 아직도 법과 대학 지원을 강요하고 있지는 않는지요? 어머님 자신의 욕망을 은폐하고 '오직 너를 위해서 그러는 거야.'라고 주장하지는 않습니까? 어떻게 하는 것이 진정으로 자녀의 장래를 위하는 길인지 한 번 깊이 생각해 보시기 바랍니다.

Ⅲ. 진로에 대한 생각을 어떻게 키워 주나?

1. 진로에 대한 태도와 가치관

진로 의식에 있어서 가장 중요한 것은 일에 대하여 어떻게 인식하고 있느냐 하는 점일 것입니다.

일에 대한 인식은 시대에 따라 상당히 변화되어 왔습니다. 옛날 그리스, 로마인들은 일을 고되고 천한 것이며 노예들이나 하는 것으로 생각했습니다. 그들은 신이 인간을 미워해서 그 분풀이로 인간에게 일을 하도록 한 것이라고 생각했습니다. 또 히브리인들은, 인간은 원죄에 대한 벌로 일을 하면서 고통을 받아야 한다고 생각했습니다.

이러한 생각은 중세를 거쳐 르네상스와 종교 개혁이 일어나기까지 계속되어 왔습니다. 그러나 근대 사회로 접어들면서 그 인식은 달라지기 시작했습니다. 특히 산업혁명 이후 일에 대한 인식은 매우 달라져 인간에게 일은 필요한 것이며 신성한 것이고 즐거운 것이어야 한다는 견해가 생겨났습니다.

한편, 일의 의미는 개인에 따라서도 다르게 인식됩니다. 어떤 사람은 단지 생계유지의 수단으로 일을 한다고 생각하고, 또 어떤 사람은 개인의 이상이나 자아를 실현하기 위해 일을 한다고 생각합니다. 그리하여 같은 일을 하면서도 흡족한 마음으로 하는 사람이 있는가 하면 마지못해 하는 사람도 있습니다. 많은 보수와 우대를 받으며 하는 일에도 흥미를 느끼지 못하여 크게 불만을 품는 사람이 있는 반면 다른 사람이 보기에는 고생스럽고 별 신통치 못한 것 같은 일에 온 정열을 불태우며 열심히 일하는 사람도 있습니다.

이렇듯 일에 대한 인식은 개인의 가치관에 따라 다릅니다. 그러므로 자녀로 하여금 올바른 진로 결정을 하게 하려면 우선 일에 대한 올바른 인식, 다시 말하여 일에 대한 건전한 태도 및 가치관을 심어 주는데 주력해야 합니다.

여기에서 한 연구기관이 조사한 초등학교 어린이의 일에 대한 태도에 관하여 잠깐 살펴보겠습니다. 조사 결과에 의하면 조사 대상 어린이의 반수 이상이 일에 대하여 긍정적인 태도보다는 부정적인 태도를 지니고 있었습니다. 즉 '일이란 사람들에게 즐거움과 보람을 주기 때문에 사람들은 직업을 가지고 일을 하는 것이다.'라든지 '일이란 좋은 것이기 때문에 싫어하는 사람보다는 좋아하는 사람이 더 많다.'라는 의견보다는 '일이란 본래 어렵고 하기 싫지만 살아가기 위해서 사람들은 일을 해야 하므로 직업을 가지고 일을 한다.'라든지', '사람들은 누구나 일하기를 싫어하기 때문에 일을 하지 않고도 살아갈 수 있으면 직업을 가질 필요가 없다.'는 견해를 나타냈습니다.

이 같은 조사 결과로부터 우리 어린이들의 진로 의식이 어떠한지 잘 알 수 있습니다. 그리고 그들에게 진로 의식의 지도가 얼마나 필요한지는 말할 필요조차 없다 하겠습니다.

그런데 진로 의식이라고 하는 것은 일정한 기간 동안에 지도를 받아서 단번에 형성되는 것이 아닙니다. 그것은 장기간에 걸친 끊임없는 삶의 과정을 통해 형성됩니다. 따라서 어려서부터 일상생활을 통해서 지도하여 몸에 배도록 하는 것이 좋습니다. 어찌 보면 이렇게 하는 일이 어린 시절 꼭 이루어져야 될 진로 지도의 핵심적인 활동이라 하겠습니다.

건전한 직업관을 기른다

직업은 생계유지의 수단이자 삶의 보람을 느끼게 해주는 것입니다. 사회 구성원의 하나인 인간은 직업을 통해 자신의 소임을 다함으로써 사회 발전에 기여하게 됩니다.

이처럼 직업은 중요한 의미를 지니는 것입니다. 그러므로 합법적인 직업이라면 그것은 어떤 것이든 모두 중요하다는 인식을 가지고 직업을 귀하게 여기고 존중하는 태도를 가져야 합니다. 그뿐 아니라 자신의 직업이 어떤 것이든 간에 그것을 사랑하고 자기 업무에 충실하며 최선을 다할 필요가 있습니다.

전통 사회의 직업의식 중에서 직업에 대한 소명 의식이 있습니다. 소명 의식이란, 직업에 종사하는 사람이 어떠한 일을 하든지 자기가 하는 일에 전력을 다하는 것이 하늘의 뜻에 따르는 것이라는 생각을 말합니다. 독일이 간든 칼이 국제무대에서 좋은 칼로 알려지게 된 것은 바로 직업에 대한 소명의식 하에 몇 대를 이어 가며 칼 만드는 기술을 전수한 결과에서 온 것입니다. 특히 독일의 직업학교 현장 실습은 기술도 습득시키지만 그보다도 직업에 대한 가치를 인식시키는데 더 주력하고 있습니다. 아마 이러한 풍토가 자원이 풍부하지 못한 독일을 오늘의 강대국으로 만든 원동력이 아닌가 생각해 봅니다.

소명 의식은 자기가 하는 일에 대하여 긍지를 느끼게 하고 자기의 직무를 보다 열심히 수행하게 합니다. 또, 물질적인 보수보다도 직업에서 얻게 되는 정신적인 만족감을 더 중시하게 합니다.

그러면, 우리 어린이들은 과연 직업의 가치에 대해 어떻게 인식하고 있을까요? 한국교육개발원이 조사한 내용을 보면, 조사 대상자의 반수 정도가 정신 노동과 육체 노동의 직업 간에 차이가 없다고 반응하고 있었습니다. 다시 말해서 회사에서 사무를 본다거나 교사가 학생들을 가르치는 것과 같은 직업과 기술자가 자동차를 수리한다거나 근로자들이 물건을 만드는 것과 같은 육체노동의 직업 간에 차이가 없다고 인식하고 있다는 것이지요. 반면에 정신노동을 하는 직업이 육체노동을 하는 직업보다 좋다고 인식한 어린이도 1/3정도나 된다고 그 조사는 보고하고 있습니다.

이 같은 반응으로부터 아직도 상당수의 어린이가 직업관에 어떤 편견을 지니고 있음을 알 수 있습니다. 거듭 말하지만 직업에는 귀천이 없습니다. 앉아서 사무를 보는 일이건 밖에서 땀을 흘리며 노동을 하는 일이건 일을 한다는 점에서는 똑같습니다.

만일 어려서부터 직업에 대해 잘못된 가치관을 갖는다면 이는 훗날 자신의 진로를 결정하는데 큰 장애 요인이 될 것이며, 반대로 올바른 직업관이 형성된다면 어떤 일을 하든 즐거운 마음으로 하며 보람도 느낄 것입니다.

2. 진학 준비의 이해

　대개의 경우 초등학교를 졸업하게 되면 중학교를 가고, 중학교를 졸업하면 고등학교, 대학교로 진학하게 됩니다. 특히 한 학교에서 다음 학교로의 진학은 그 사람의 진로를 잡아 주는데 중요한 역할을 합니다. 그래서 자녀를 가진 부모라면 누구든지 진학 문제에 큰 관심을 갖게 마련입니다.

　하지만 대부분의 부모들이 관심은 가지면서도 진학 지도를 올바르게 하는 것이 무엇인지는 잘 모르고 있는 것 같습니다. 특히 문제가 되는 것은 마치 부모 자신이 진학하는 듯한 인상을 준다는 사실입니다. 자녀의 희망이나 능력 등을 무시하고 부모 자신들이 지원할 학교, 학과를 정해 놓고 자녀를 끌고 다니는 어머니나 아버지도 많습니다. 이왕이면 원하는 학교, 소위 일류 학교에 진학하는 것은 누구나 다같이 바라는 일입니다. 그렇지만 모든 부모가 원하는 대로 되지 않는다는 것도 부인할 수 없는 사실입니다.

　진학 준비란 당연히 입학할 당사자 중심으로 해야 합니다. 입학하는 것은 분명히 자녀 자신입니다. 부모는 다만 그렇게 되었으면 하고 원할 수 있을 뿐입니다. 그리고 자녀 혼자만의 결정으로는 정확한 판단이 어려우므로 부모, 교사가 안내자 역할을 할 뿐입니다. 부모가 자녀의 진학 지도를 하는 데 있어서 해야 할 가장 중요한 것은 '진학은 자녀가 하는 것이지 부모가 하는 것은 아니다.'라는 사실을 확실히 인식하는 일입니다.

　그 다음으로 중요한 것은 가능한 한 진로는 구체적으로

설정해야 된다는 사실입니다. 왜냐하면, 진로 방향에 따라 학교 선택도 달라지기 때문입니다.

학교 선택은 어떻게 해야 하나?

초등학교를 졸업하고 중학교를 진학하는 데는 별 문제가 없습니다. 하지만 중학교를 졸업하고 고등학교에 진학하려면 일단 갈림길이 생깁니다. 따라서 대개의 경우 고등학교 진학에 즈음해서 처음으로 진로 문제에 부딪치게 됩니다.

고등학교에는 여러 계통의 학교가 있습니다. 인문계 학교도 있고 상업계 학교도 있습니다. 공업계 학교도 있고, 농업계 예체능 학교도 있습니다. 이들은 각기 교육의 목적이나 중점적으로 가르치는 내용에 있어서 근본적인 차이를 나타냅니다. 그러므로 이 때 자기의 진로에 적합한 학교를 선택하는 것이 매우 중요합니다.

그런데 현재 우리 사회의 풍조는 어떻습니까? 중학교만 졸업하면 무조건 연합고사를 치러 인문계 고등학교에 진학하는 것이 일반적인 상식처럼 되어 있습니다. 다시 말해서 인문계 고등학교에 진학하여 대학까지 나오려는 경향이 지배적입니다. 또 실업계 고등학교는 공부를 못하거나 가정 형편이 어려운 사람이나 가는 것처럼 인식하고 있습니다.

물론 이렇게 된 데에는 사회의 책임이 큽니다. 누구나 대학을 나와야 한다는 고정 관념 때문에 실업계 고등학교를 외면하고 있는 실정입니다. 대학 교육이 점점 대중화·보편화되어 대학을 나오지 않고서는 취직하기 어려운, 이른바 학력 사회가 빚은 폐단입니다. 바로 이 점이 오늘날 우리 사회에서 진학 문제에 좋지 않은 영향을 준다고 하겠습니다.

따라서 진학 준비를 보다 올바르게 하기 위해서는 이 같은 사회 풍조에 휩쓸리지 말아야 합니다. 학교 성적은 어느 정도인가, 장래의 희망은 무엇인가, 어떤 독특한 재능이나 소질을 갖고 있지는 않은가 등을 세밀히 살펴 진학 준비를 하는 것이 좋습니다.

만일 학교 성적이 중상위권에 속해 있고 대학에 가서 어떤 학문을 전공하여 장래 어떤 분야로 진출하겠다는 뚜렷한 목표가 있다면 인문계 고등학교에 진학해야 할 것입니다. 반면 공부를 계속할 뚜렷한 목표나 뜻이 없고 게다가 현실적으로 대학에 진학할 처지가 아니라면 실업계 고등학교를 택해야 할 것입니다. 이 때에는 상업, 공업, 농업, 수산업계 예체능계 고등학교 중 어느 쪽이 자녀의 소질과 적성에 적합한가를 살펴 그에 맞는 계열을 택해야겠지요. 특히 자연계·공업계 고등학교의 경우는 학과 선택도 따르기 때문에 보다 신중한 판단이 요구됩니다.

또, 어려서부터 음악적 재능도 있고 훗날 피아니스트가 되는 게 소원이라면 고등학교 진학 시에 예능계 학교를 선택하는 것이 현명할 것입니다. 우리 주변에서는 예술적 재능이 뛰어난 학생들이 인문계 학교로 진학하여 재능을 사장시키는 경우를 많이 볼 수 있으니까요.

3. 직업 세계의 탐색

인간 생활에 있어서 직업이 매우 중요한 의의를 지니고 있음은 재론할 여지가 없습니다. 물론 예외도 있겠지만 대부분의 사람들은 미성년기를 장래의 직업 활동을 위한 준비 작업으로 보내고, 성인이 되고 난 후에도 직업활동을 계속하게 됩니다. 즉, 사람들은 평생을 직업과의 관계 속에서 살아가고 있는 것입니다.

또, 대부분의 사람들은 직업 활동을 자신의 주된 활동으로 삼아 살아가고 있습니다. 직업을 가진 사람들은 잠자는 시간과 식사하는 시간, 그리고 여가 시간을 뺀 나머지 대부분의 시간을 직업 활동을 하면서 살아가고 있습니다. 따라서 직업은 우리들에게 있어서 가장 중요한 삶의 한 과정이고 삶의 현장이라고 생각하지 않을 수 없습니다.

이와 같이 직업이 우리에게 중요한 삶의 과정이라고 한다면 이를 결코 소홀히 생각해서는 안 될 것입니다. 그럼에도 불구하고 많은 사람들이 별 깊은 생각 없이 직업을 선택하기도 하고 그럭저럭 남들 하는 대로 적당히 해 나가면 된다는 식으로 말하곤 합니다. 이는 결국 인생 자체를 소홀히 살아간다는 것이나 마찬가지의 말이 되는 데 말이지요.

그리스의 어느 철인이 말하기를 "인간의 삶의 목적은 행복해지려는데 있다."고 하였습니다. 그렇다면 삶의 중요한 부분을 차지하는 직업이 개인의 행복과 직결된다는 것은 말할 필요조차 없습니다. 이렇게 직업이 인생의 행복과 밀접한 관계를 맺고 있다고 할 때 직업 활동에 신중해야 할 것은 너무나 당연한 사실이라 하겠습니다.

그러면 여기에서 자녀의 진로 지도에 도움이 될 수 있도록 직업의 세계에 대하여 탐색해 보기로 하겠습니다.

직업에는 어떤 것들이 있나?

직업의 세계는 끊임없이 변화합니다. 필요 없는 직업은 소멸하고 시대가 요구하는 직업이 새롭게 등장합니다. 특히 현대 산업 사회의 구조와 기계 문명의 발달은 직업을 다양하게 분화시키고 있습니다.

이렇게 변화해 가는 직업의 세계에 관해서 우리 자녀들은 얼마나 알고 있을까요? 어느 조사 결과에 의하면, 고등학교 학생들을 대상으로 직업의 종류를 써 보라고 하니 대다수가 50종을 넘지 못했다고 합니다. 그렇다면 부모들은 직업의 세계에 대하여 보다 많이 이해하고 있을까요? 그렇지 않습니다. 대다수의 부모들 역시 사회적으로 널리 알려져 있다든지 아니면 그들의 시대에 인기 있었던 직업 정도를 알 따름입니다.

하지만 보다 성공적인 진로 결정을 하기 위해서는 직업의 세계를 깊이 탐색해야 합니다. 아무리 능력이 있고 자기를 잘 이해하고 있어도 다양한 직업 세계에 대한 이해와 정보 없이는 진로를 결정하는데 곤란을 겪을 것입니다.

직업 세계의 이해를 돕기 위하여 경제 기획원 통계국이 분류한 '한국 표준 직업 분류표'에 의한 직업 분야별 특징을 개괄적으로 살펴보면 다음과 같습니다.

전문 기술 및 관련직 종사자 : 이 분야에는 전문적 지식

또는 기술을 필요로 하는 직업들이 포함됩니다. 이 직업의 종사자들은 대학 이상의 교육을 받아야 하며 국가고시에 의한 면허나 일정한 자격 없이는 취업할 수 없는 것이 보통입니다. 그러나 예체능 관련 직업은 전문 교육을 받지 않고도 특별한 재능이 있어서 취직하는 경우도 있습니다.

이 분야에는 자연 과학자 및 관련 기술자, 의사, 간호원, 법관, 검사, 교수, 교원, 목사, 신부, 언론인, 저작자, 미술가, 사진사, 작곡가, 연예인, 기자, 프로듀서, 정보통신업, 예술인, 체육인 등이 속합니다.

행정 및 관리직 종사자 : 이 직업군은 주로 사업 ,및 판매 작업 등에 관한 부하 직원의 업무를 지휘·관장하는 직업을 말합니다. 여기에는 고급 공무원, 정치가, 사장, 중역 등이 포함됩니다.

이러한 직종은 각각 사무·판매·기술 등에 오래 종사하며 경험을 쌓아 승진하게 됨으로써 얻게 됩니다.

사무직 및 관련 종사자 : 일반적으로 관리직에 종사하는 사람의 감독 또는 지시를 받아 가며 인사, 문서, 현금 출납, 물품 출납, 도서 정리, 개산 등의 사무에 종사하는 직업을 말합니다. 흔히 회사원이라고 할 때 이는 사무직을 말하는 것입니다.

이 직업에 종사하는 사람들로는 사무원, 감독자, 일반 공무원, 경리 사원, 통신 기사, 은행원, 속기사, 타자원 등이 있습니다.

판매직 종사자 : 백화점, 도매상, 소매상, 상점 등에서 물건을 판매하는 일을 주로 하는 직업을 말합니다. 이 직업

에는 도·소매상, 기술 판매원, 판매 외무원, 판매 감독자, 증권 중개인, 부동산 중개인 등이 포함됩니다.

같은 판매직이라해도 상점의 규모나 상품의 종류에 따라 요구되는 교육 정도는 조금씩 다릅니다. 특히 이 직업은 학력보다는 경험이 중요한 역할을 하며 친절과 신용이 활동의 중요한 수단이 됩니다.

서비스직 종사자 : 이 직업군은 다른 사람을 위해서 노동을 제공하고 봉사해서 그 대가를 받는 직종을 의미합니다. 여기에는 관광 요원, 요식·숙박업 관리자 및 종사자, 청소원, 세탁공, 이용·미용사, 보안 업무 종사자 등이 포함됩니다.

농·축·임·수산업 및 수렵업 종사자 : 이 분야의 사람들은 개인 또는 협동으로 농경·축산·임산 작업을 감독 또는 수행하거나 물고기를 잡거나 짐승을 사냥하는 등의 작업에 종사합니다.

기능직 및 생산 공정 종사자 : 이 직업군에는 원료 가공 및 조립, 각종 완제품 및 반제품의 제조·수리 작업, 제품 제조, 장비·기계 운전 및 조작, 각종 건설·토목 공사, 전신·전화기의 조립, 용접, 판금, 주물 등의 기능공이 속합니다.

교통·체신 관계 종사자 : 이 직업군에는 자동차, 기차, 항공기, 선박 등의 교통 기관을 운전 혹은 조종하여 사람과 물건을 수송하는 직종과 유선 전화, 무선 통신 등에 관련된 일에 종사하는 사람이 속합니다.

이 직종에 종사하려면 최소한 중학교 이상의 교육을 받아야 하며 직종에 따라서는 보다 전문적인 교육이 필요한 것도 있습니다.

기타 직업 : 신규 구직자나 적절히 분류할 수 없는 직업 종사자 및 직종을 보고하지 않은 종사자 등이 이에 포함됩니다.

이상으로 직업의 세계를 특성별로 구분한 9개의 직업군을 개괄적으로 살펴보았습니다. 이미 앞에서도 언급한 바와 같이 이를 구체적으로 세분하면 나라에 따라서 다르지만 약 수십만 종으로 분류할 수 있습니다.

이 외에도 수 많은 직업군으로 분류할 수 있습니다. 그러므로 일생의 업으로 살아갈 직업을 선택한다는 것은 여간 힘든 일이 아닙니다. 그러면 가능한 한 성공적인 직업 선택을 하려면 어떻게 해야 하나요?

직업 선택은 어떻게 해야 할까요?

직업을 선택할 때는 먼저 본인의 적성, 희망과 잠재능력 등에 따라 대충이라도 그 범위를 정해야 할 것입니다. 자기의 적성에 맞지 않고 원하지 않는 일을 하는 것만큼 불행한 일은 없습니다. 열심히 일을 하는 것 같은데도 별로 성공하지 못하는 사람들 중에는 자기의 특성을 살리지 못하고 엉뚱한 일에 매달렸기 때문인 경우도 허다합니다. 적성에 맞는 직업을 택하게 되면 자기의 특성을 최대한으로 살릴 수 있고 결국에 가서는 성공적인 직업 생활을 보장받을 수 있게 됩니다.

이렇게 적성과 희망 등에 따라 대략의 범위를 정한 다음에는 그 범위를 점점 좁혀 가야 할 것입니다. 이 때 어떤 점을 살피면서 직업을 탐색해 나가야 할 것인지 알아보기로 하겠습니다.

우선은 자기가 선택하려는 직업에 대해 충분한 정보를 얻어 그 직업의 성질을 정확히 파악해야 합니다. 그 직업에서 하는 일은 무엇이며 어떠한 책임이 따르는가를 알아야 합니다. 특히 그 직업에서 요구하는 능력이 무엇인지 알아야 합니다. 어떤 직업에는 특히 언어 능력이 뛰어나야 할 것이고 어떤 직업은 추리력, 또 어떤 직업은 판단력이 뛰어나야 할 것입니다. 이 때 아무리 여러 조건을 다 구비하고 있다 하더라도 그 직업에서 요구하는 능력을 갖추고 있지 못하면 아무 소용이 없습니다. 따라서 능력은 직업 선택시 반드시 고려되어야 할 사항이 됩니다.

이 능력과 관련지어 선택하려는 직업이 어느 정도 수준의 교육과 훈련을 요구하는지도 살펴보아야 합니다. 교수를 희망한다면 최고 전문 수준의 학교 교육을 받아야 할 것이고 일반 엔지니어가 되기를 원한다면 특별히 대학까지 갈 필요 없이 고등학교 진학시 공업 고등학교를 가는 것도 좋을 것입니다. 따라서 중학교, 고등학교, 대학교의 수준에서 어디까지 나와야 하고 고등학교에서도 인문계를 가야 하는지 상업계나 공업계를 가야 하는지 알아야 하며, 대학교를 가야 한다면 350여 종이나 되는 많은 학과 중 어느 전공을 선택해야 할 지 알아야 합니다. 물론 이 때는 자기의 능력과 가정의 형편이 허락되는가도 고려해야 하겠지요.

다음으로 직업 선택에서 고려해야 할 점은 성격 특성과 직업과의 관계입니다. 성격은 직업생활에 있어 업무 수행의 능력에도 중요한 영향을 미치지만 특히 동료간의 인간관계나 직무상의 만족도에 중요한 요인이 됩니다. 여기에서 홀란드(Holland)라는 직업 전문가가 제시한, 성격 유형에 따른 진로 결정에 대하여 살펴보면 다음과 같습니다.

운동 신경이 발달하고 신체 활동을 선호하며 추상적인 것보다는 구체적인 것을 좋아하는 활동형의 사람에게는 대개 노동이나 기계 조작, 비행사, 트럭 운전수, 농부 등의 직업이 적합하다고 합니다. 반면에 추상적인 것을 좋아하고 어떤 문제를 깊이 생각하며 사물의 세계를 조직적으로 이해하려는 사고형의 사람에게는 물리학자나 수학자, 인류학자 등의 직업이 적합하다고 합니다.

또한 남을 가르치거나 대화하는 것을 좋아하고 안정된 것을 좋아하며, 언어로써 사교적인 인간관계를 맺고 있는 사람에게는 임상 심리학자나 상담자, 외교관, 교사 및 목사 등의 직업이 좋다고 합니다. 그리고 체계적이고 수리적인 업무와 책임감이 부여된 업무를 정확하게 수행하는 사람에게는 출납원, 통계자, 엔지니어, 행정 보조원 및 우체국 서기 등의 직업이 어울릴 것이라고 합니다.

한편 남을 지배하거나 주도적인 역할을 중시하는 사람에게는 정치가, 사회자, 판매원 및 경매원 등이 적합하고, 매사에 심미적인 안목이 있으며 예술 매체를 통해서 자기표현을 즐기는 사람에게는 시인, 소설가, 극작가, 음악가, 미술가, 연출가 등이 적합하다고 합니다.

이 같은 성격 유형과 그에 적합한 직업과의 관계를 참고로 하여 자녀의 진로 지도에 임하신다면 큰 도움을 얻을 수 있을 것입니다.

그 밖에도 직업을 선택할 때는 취업에 있어서 특별한 제한 조건은 무엇인지 알아야 합니다. 직업에 따라 연령, 성별, 신체조건, 신상 조건 등에 제한을 가하는 직업도 있기 때문입니다. 또 하나, 직업을 선택할 때 무시 못 할 것은 직업의 안정성입니다. 직업에서 얻어지는 수입이 기본 생활에 크게 위협을 받지 않을 정도가 되어야 할 것입니다. 다시 말해서 그 직업에서 경제적으로 어느 정도 안정을 얻을 수 있어야 한다는 것인데 이는 어디까지나 참고로 해야 할 사항이지 절대적인 조건은 아닙니다. 돈벌이는 잘 된다 하더라도 적성에 맞지 않아 자아실현을 제대로 할 수 없는 직업이라면 곧 실증을 느낄 것이기 때문입니다.

끝으로 중요한 것은 장차 그 직업의 전망이 어떠한지를 검토하는 일입니다. 대개 처음에 선택한 직업이 일생의 직업을 좌우하기 쉽습니다. 당장에는 유리한 직업이라도 전망이 밝지 않은 직업은 좋지 않습니다. 따라서 올바른 직업 선택을 하기 위해서는 변화하는 세계를 바르게 이해하고 다가오는 미래 사회를 전망하는 끊임없는 탐구가 필요합니다. 앞으로는 모든 사람이 일생동안에 5~6번 이상 직업을 옮기며 산다고 주장하는 학자도 있습니다.

지금까지에서 직업을 선택할 때 고려해야 할 사항이 얼마나 많은지를 알 수 있었을 것입니다. 이는 그만큼 직업을 선택하는 일이 어렵다는 것을 뜻합니다. 어머님은 자녀로 하여금 다양한 직업을 이해하고 탐색할 수 있도록 하기 위해 과연 무슨 일을 하고 계십니까?

IV. 실제 진로 지도는 어떻게 해야 하나?

1. 환상적인 직업에 얽매여 있는 자녀

어린이들에게 "너 이 다음에 커서 무엇이 되고 싶니?" 하고 물으면 대부분 "대통령이 되겠어요.", "과학자가 되고 싶어요.", "적을 물리치는 용감한 장군이 될 거여요.", "아픈 사람을 고쳐 주는 의사가 되겠어요." 라고들 대답합니다. 이들은 대부분 자신의 여건이나 가능성 등은 고려하지 않고 무조건 직업을 환상적으로 생각하여 답하는 것이 보통입니다. 그러다가 성장하면서 자기의 흥미나 능력 등에 따라 선호하는 직업이 달라지게 마련입니다.

긴즈버그(Ginzberg)라는 이름의 학자에 의하면 한 개인의 직업의 선택은 어느 한 순간에 이루어지는 것이 아니라 장기간에 걸친 일련의 과정을 통해 이루어진다고 합니다. 그에 의하면, 실제 직업 세계로 들어가기 전에 한 개인은 대개 다음과 같은 세 단계의 중요한 시기를 경험한다고 합니다.

첫째 단계는 환상적 단계입니다. 이 단계에는 대개 6세에서 10세까지의 어린이가 속하는데, 이 시기에는 현실 여건이나 자신의 능력 및 가능성 등은 고려하지 않고 무작정 특정 직업을 좋아합니다. 또 이들은 현실적인 장애를 인식하지 못하기 때문에 자신이 원하는 것이면 무엇이든지 될 수 있다고 생각합니다.

둘째 단계는 잠정적 선택의 단계입니다. 대략 11세에서 17세까지의 시기로서 이 때는 자신의 흥미와 취미에 입각하여 직업을 선택하려는 경향이 있으며 흥미를 느끼는 분야에서 성공을 거둘 수 있는 능력을 지니고 있나를 시험해 보기도 합니다. 그러나 그들은 자신의 능력에 관해 불완전하게 알고 있으며 잠정적으로 직업을 선택하여 볼 뿐입니다.

끝으로 현실적인 단계입니다. 18세부터 성인에 이르기까지 해당하는 시기로서 이 시기에 와서야 비로소 직업선택이 현실적으로 이루어집니다. 자신의 능력, 흥미, 적성, 가정 배경뿐만 아니라 직업의 요구 조건 등을 고려하여 결정에 도달하기 때문입니다.

이렇듯 직업을 선택하기까지에는 일련의 단계를 거치게 마련입니다. 그런데 간혹 진로 선택에 대해 제법 알만한 나이에 이르러서도 여전히 환상적인 직업 선호 경향에서 벗어나지 못하는 어린이가 있습니다. 예를 들면, 중학생이 되어서도 초등학교 때와 마찬가지로 "꼭 대통령이 되겠다."고 말하는 어린이가 있습니다. 물론 어떤 어린이의 경우라도 대통령이 되고자 하는 것이 반드시 허황된 생각이라고 할 수는 없습니다.

가령 이 어린이가 현실적으로 대통령이 될 만한 능력과 여건을 갖추고 있어서 원하는 직업을 실현하는데 별 어려움이 없다면 아무 문제가 없을 것입니다. 하지만 그렇지 못할 경우에는 여러 문제점이 뒤따르게 됩니다. 상급 학교로 진학하면서 자기가 택하려는 직업이 요구하는 능력에 미치지 못해 큰 좌절감을 느낄 것입니다. 거기에다 불안감마저 느껴 심리적으로도 좋지 않은 영향을 받게 됩니다. 이런 경우는 대개 그럭저럭하다가 전혀 생각지도 않은 엉뚱한 진로를 택하게 되고 심하면 일생 동안 잘못 선택한 진로 때문에 삶을 불만족스럽게 보낼 수도 있습니다.

그래서 환상적인 직업관에 얽매여 있는 아이들은 하루 빨리 그 곳에서 빠져 나와 현실을 올바로 직시하고 보다 실현 가능한 진로 결정을 할 수 있도록 주위에서 도와주어야 합니다. 그러면 어떻게 해야 할까요?

자기 이해를 정확히 하게 한다

직업을 선택하거나 진로를 결정하는 문제는 자기 자신을 검토하고 이해하는 문제와 별도로 생각할 수 없습니다. 특히 환상적인 직업에만 얽매여 있는 경우는 아이들이 자기 자신을 올바로 이해하지 못하는 데 가장 큰 원인이 있습니다.

여기서 자기를 이해한다는 말은 다른 말로 바꾸어 말하면 '나는 무엇을 할 수 있는가?'를 검토해 보는 일입니다. 구체적으로 어떤 특정의 직업을 수행하는 데 필요한 능력을 나는 어느 정도 갖추고 있는가를 검토해 보는 일입니다. 또, 자신이 평소에 지니고 있는 흥미를 깊이 있게 생각해 보고 아울러 자신의 성격도 정확하게 파악해 보는 일입니다. 그리고 자신의 가정환경도 고려해 보는 일을 말합니다. 만일 가정 형편이 별로 좋지 않다면 높은 교육 수준을 요구하는 직업을 택하는데 어려운 점이 많을 것입니다.

자녀가 자기를 이해하는 과정에서 부모는 중요한 역할을

담당해야 합니다. 우선은 자녀의 소질과 취미 영역을 주의 깊게 관찰하여야 할 것입니다. 자녀가 특별히 열심히 하고 또 잘 하는 과목은 무엇인가? 놀 때는 주로 무슨 놀이를 하는가? 어떤 일을 시켰을 때 어떻게 반응하는가? 등을 자세히 관찰하면서 자녀의 특성을 올바르게 파악해야 합니다. 그리하여 이를 토대로 장래의 직업 생활과 연결시켜 대화를 함으로써 정확한 자기 이해가 가능하도록 유도해 주어야 합니다.

이 때 자녀의 특성을 보다 객관적으로 파악하려면 각종 심리 검사를 해 보는 것도 좋습니다. 이를테면 적성 검사, 흥미 검사, 인성 검사 등을 받아 보도록 하는 것이지요. 학교의 상담실이나 전문 기관에 의뢰하면 이 같은 검사를 받을 수 있습니다. 그런데 이 때 주의해야 할 점은, 검사 결과는 반드시 전문가의 도움을 받아 해석해야 한다는 것과 한 가지의 검사만으로 자녀의 적성에 대해 절대적인 판단을 해서도 안된다는 사실입니다. 예를 들어, 적성 검사 결과 언어 적성이 높으면 언론 분야로 진로를 잡으면 성공하고, 언어 적성이 낮게 나오면 그것을 선택했을 때 실패한다는 식으로 검사 결과를 흑백 논리로 판단하는 경향이 있는데, 사실 직업에서의 성공이란, 적성뿐만 아니라 다른 여러 가지 요인이 복합적으로 작용하여 이룬 결과 아니겠습니까? 때문에 적성 검사 결과만을 가지고 어느 직업의 성공 여부를 단정적으로 판단하는 것은 위험한 생각입니다. 적성 검사의 결과는 단지 그 사람이 지닌 소질 여부를 대강 제시해 주는 정도에 지나지 않습니다. 따라서 올바른 자기 이해를 위해서는 여러 가지 검사를 종합적으로 실시하여 해석해야 합니다.

직업 세계를 탐색하게 한다

다음에 말씀드리고 싶은 것은 자녀들에게 되도록 다양한 직업 탐색의 기회를 제공하라는 것입니다. 직업 탐색의 기회 제공은 자녀들로 하여금 다양한 직업 세계에 대한 이해와 지식을 얻게 해 줍니다. 즉 직업 세계의 특성이나 그 직업이 요구하고 있는 조건들을 파악할 수 있게 해 줍니다. 한 마디로 말하여 진로 선택의 폭을 보다 넓게 해 주므로 어느 한 가지 직업에만, 특히 환상적인 직업에 빠져 있는 아이들에게 꼭 필요한 일입니다.

직업 탐색의 기회를 제공해 주는 방법으로는 다양한 직업의 세계가 묘사되어 있는 책을 구하여 읽게 하는 것이 좋습니다. 또, 부모와 자녀가 함께 실제 작업 현장을 찾아가는 것도 매우 좋습니다. 주말이나 방학 등을 이용하여 아버지가 일하는 직장이라든지 여러 사람들이 일하는 현장을 견학하는 것이지요.

이렇게 여러 가지 직업을 스스로 생각하고 직접 확인해 봄으로써 과연 나에게 적합한 직업은 무엇인가를 탐색하도록 하는 것은 훗날 진로 결정에 중요한 역할을 하게 됩니다.

2. 자녀의 재능 교육 문제

요즈음 어린이들에게 재능 교육을 시키는 가정이 부쩍 늘어나고 있습니다. 거리에 악보 가방이나, 스케치 북을 든 어린이가 늘었고 피아노 교실, 미술 학원, 무용 교실 등의 간판이 눈에 많이 띕니다. 많은 어머니들이 "우리 아이가 음악에 특별한 재능이 있는 것 같습니다. 그래서 피아니스트로 키우고 싶은데 어떻게 하면 좋을까요?"라고 궁금증을 호소해 옵니다.

이렇듯 자녀의 재능 고육에 대해서 어머니들은 크나큰 관심을 갖고 있습니다. 여기서는 자녀의 진로 지도와 관련하여 재능 교육을 시키는 문제에 대해 알아보기로 하겠습니다.

숨은 재능을 찾아낸다

모든 사람의 얼굴 생김서가 서로 다르듯이 재능이나 소질도 각기 다릅니다. 어떤 사람은 음악적 감각이 쥐어나고, 또 어떤 사람은 그림을 통한 표현 능력이 뛰어나며, 또 다른 어린이는 운동 신경이 발달할 수도 있습니다. 이러한 재능은 처음에는 쉽게 드러나지 않고 잠재해 있기 때문에 찾아서 개발해 키워 주지 않으면 능력을 발휘해 보지도 못하기 마련입니다. 따라서 자녀가 갖고 있는 재능을 빨리 찾아 주는 것이 부모가 해야 할 중요한 임무입니다.

그런데 이 재능을 찾아내는 일이란 쉬운 일이 아닙니다. 물론 어떤 경우에는 재능이 흥미로 나타나 쉽게 찾아 낼 수도 있습니다. 예를 들어, 미술에 남다른 재능이 있는 아이는 그림 그리는 것을 무척 좋아하고 한번 몰두하면 쉽게 빠져 나오지 않는 경우가 있습니다. 음악·체육·예술 등을 결정적 시기에 찾아 육성시켜야 합니다. 하지만 흥미를 나타낸다고 해서 다 그 분야에 재능을 갖고 있는 것은 아니라는 사실을 우리는 주위에서 지켜 본 경험으로 미루어 잘 알고 있습니다.

특히, 어렸을 때는 재능이 있어 보였던 어린이라도 커 가는 동안에 의외로 그 방면에 별로 발전을 보여 주지 못하는 어린이가 많습니다. 반대로 어렸을 때에는 별로 인정받을 만한 재능이 없어 보이다가 성장하면서 뛰어난 재능을 나타내는 경우도 있습니다. 세계적인 여러 학자들이 어린 시절 학교 다닐 적에는 많은 교과목 점수가 낙제였다고 합니다.

이렇게 재능이란 밖으로 쉽게 드러나지 않습니다. 그래서 자녀에게 재능 교육을 시킬 때에는 너무 일찍이 어떤 고정된 틀을 정하지 않는 것이 좋습니다. 다시 말해서 음악가로서 꼭 대성시켜야 하겠다거나 혹은 별로 재질이 뛰어나지 못하다고 단정 짓지 말라는 것입니다. 부모가 해야 할 가장 중요한 일은 자녀를 유심히 관찰하여 어떤 재능이 있는가를 꾸준히 지켜보면서 장기적으로 지도하는 일입니다.

그러면 일단 자녀에게 재능이 있음을 발견했을 경우 언제부터 특별 지도를 하는 것이 좋을까요? 이 또한 많은 부모들이 궁금해 하는 문제입니다.

재능 교육을 하는 시기에 대해서는 물론 빠르면 빠를수록 좋다는 것이 일반적인 견해입니다. 그렇다고 하여 유아기에 시작하지 않으면 전문가로서 성공할 가능성이 없다는 말은 아닙니다.

어떤 학자는 초등학교 3학년 정도가 재능 교육을 시키기에 가장 알맞은 시기라고 이야기하기도 합니다. 너무 일찍 시작하게 되면 자칫 유치원이나 학교 교육이 재능 교육과 똑같은 비중으로 느껴지기 쉽고 잘못하면 유치원이나 학교 교육을 소홀히 할 염려도 있다는 것입니다. 그러나 3학년 정도가 되면 학교생활에도 완전히 익숙해지고 연령적으로도 안정되어 있는 시기이므로 재능 교육을 시키더라도 그 때문에 다른 것이 방해받을 염려가 적다는 것입니다.

그런데, 여기서 보다 중요하게 생각하지 않으면 안될 것은 재능 교육을 과연 자녀의 소질과 희망에 따라 하느냐 하는 문제입니다. 이를테면, 어머니가 생각하시는 대로 과연 음악에 소질이 있는지 혹은 어린이는 발레를 배우고 싶어 하는데 어머니 마음대로 피아노를 시키지는 않는지 신중히 생각해 보아야 합니다.

일본의 스즈키 신이치씨가 연구한 바이올린을 가지고 하는 재능 교육 방법은 너무도 잘 알려져 있습니다. 그는 바이올린을 가르칠 때 맨 처음에는 어린이를 대상으로 하지 않고 어머니를 대상으로 합니다. 어머니에게 바이올린 다루는 법을 알려 주고 숙제를 내주기도 합니다. 단, 어머니가 기초곡을 연주할 수 있을 때까지는 어린이가 절대로 바이올린을 만지지 못하도록 당부합니다. 이렇게 연주 소리는 들려주면서 악기는 단지지 못하게 하면 어린이는 바이올린을 만져 보고 싶고 소리 내어 보고 싶은 마음이 간절해집니다. 바로 이 때 어린이에게 가르쳐 주기 시작한다는 것이지요.

스즈키 신이치씨의 연구에서부터 재능 교육은 자기 스스로 하고 싶어 하는 마음이 있을 때 하는 것이 가장 큰 효과가 있다는 것을 알 수 있습니다. 음악이건 미술이건 무용이건 간에 자녀가 하고 싶어 하는 마음이 있는 경우에 특별 지도를 하는 것이 좋습니다. 억지로 엄마의 손에 이끌려 학원에 가는 것은 가지 않느니만 못합니다.

올바른 학원 선택은?

학원 중에는 전문적인 교육을 받지 못한 사람이 운영하는 데도 있고 전문적인 교육은 받았다 하더라도, 어른의 틀에 맞추어 지도하는 데도 있습니다. 기계적으로 손끝 기교만을 가르치거나 오로지 진도가 빨리 나가고 대회에서 상을 타는 것만을 지도 목표로 하고 있는 학원도 있어서 다소 염려스럽습니다. 이런 학원에서는 어린이에게 재능을 키워 주기보다는 오히려 혐오감을 갖게 할 우려도 있습니다.

재능 교육을 위한 좋은 학원이란 우선 훌륭한 선생님이 있는 곳이어야 합니다. 여기서 훌륭한 선생님이란 정말로 열의 있고 그 분야에 전문성이 있는 선생님을 말합니다. 특히 어린이 유치를 목적으로 어머니의 호기심을 끄는 데에만 혈안이 되어 있기보다는 진정으로 어린이 중심의 지도를 하는가 잘 살펴보아야 합니다. 만일 개인 지도를 받는 경우라면 지도 교사의 자질은 보다 중요한 조건이 되는 것입니다.

그런데 어린 아이들의 경우에는 일대일의 개인 지도보다는 집단 지도가 훨씬 효과적이라고 합니다. 어린 아이들은 대부분 개인 지도에서는 불안과 긴장을 느끼게 되나, 집단 속에서는 개인 지도에서 얻지 못하는 몇 가지 유익한 점을 경험할 수 있습니다. 이를테면 가정의 울타리를 벗어나 사회 집단 속에서 생활하는 것이 초보자에게는 훨씬 흥미를 주고 공포와 긴장감을 덜어 줍니다. 또, 서로 의지하고 협력함으로써 재능 신장에 자극의 기회가 생기기도 합니다. 만일 독주는 잘 하지만 합주는 할 줄 모르는 피아니스트가 있다면 이는 어려서 앙상블의 경험이 없었던 것이 가장 큰 원인일 것입니다. 재능은 여러 사람 속에서 더 잘 발견되며 자랍니다.

따라서 어린 자녀에게 재능 지도를 시킬 때는 그룹에서 얻어지는 이점을 충분히 활용하는 학원을 선택하도록 하십시오. 이 때 학원은 믿을 만한 곳 한 군데만 정해 놓고 다니는 것이 좋습니다. 또한 어린이가 다닐 학원이기 때문에 집과의 거리도 고려해 보아야 합니다. 집과의 거리가 너무 멀어서 왕복 시간이 많이 걸린다면, 어린이가 피로하므로 좋지 않으니까요.

끝으로 말씀드리고 싶은 것은 자녀를 굳이 전문가로 성공시키고자 한다면 우선 자녀의 건강과 재능이 보통 이상으로 좋아야 하며 꾸준히 참을성 있게 노력하는 성격인지를 확인할 필요가 있다는 것입니다. 뿐만 아니라 무엇인가 창조하고 궁리하는 재능이 있으며 이왕이면 가정환경도 어느 정도 경제적으로 여유가 있어야 될 것이라고 생각합니다. 그만큼 재능 있는 전문가로 키우는 일이란 무척 어려운 일입니다.

또 하나 주의해야 할 점은 어머님의 자녀가 정말로 재능이 뛰어나다 하더라도 특별한 사람 취급을 하지 말라는 것입니다. 자기가 늘 남다른 대우를 받는다고 하여 자칫 다른 사람 앞에서 뽐내거나 우쭐대기라도 한다면 여러 가지 면에서 조화로운 발달을 이루는데 어려움이 있을 것이기 때문입니다.

"피아노를 치는 것에서는 네가 남보다 뛰어나다 할지라도 다른 면에서는 뒤떨어진 점이 있다."는 것을 항상 일러 주어야 합니다. 이렇게 한다면 재능이 뛰어나면서도 모든 면에서 만인의 존경을 받는 사람이 될 수 있을 것입니다.

3. 가정 형편으로 진학을 못하는 자녀

현재 우리나라에는 이런 저런 환경 때문에 상급 학교에 진학하지 못하는 학생들이 많이 있습니다. 학교 등도 탈락 학생도 매년 8만명 정도 입니다. 다른 나라는 더 심각한 실정입니다. 이들이 상급 학교에 진학하지 못하는 데는 개인에 따라 여러 가지 다른 이유가 있습니다. 가정의 경제 사정이 좋지 않다든지 또는 입시에 불합격했다든지 아니면 본인의 신체장애 및 정신박약 등의 이유를 들 수 있습니다. 그런데 이들 이유 중에서도 가정 형편으로 인하여 진학하지 못하는 경우가 가장 많습니다.

사춘기의 청소년으로서 남들이 다 가는 학교를 가지 못하게 되는 데서 느끼는 좌절감은 대단히 심각한 것입니다. 특히 본인의 능력 때문이 아니라 가정환경 때문에 진학을 포기한 경우에는 더욱 더 그러합니다. 또, 아직 나이가 어려서 자신의 삶을 스스로 책임지고 관장할 수 있는 능력을 이들에게 기대하기란 힘든 일입니다.

그러므로 어느 다른 부모보다 이들의 부모는 자녀 지도에 더욱 힘을 기울여야 할 것입니다. 개중에는 밥벌이하기도 힘든네 어떻게 일일이 신경쓸 수 있느냐며 모른척하는 부모가 없는 것도 아닙니다. 이는 부모로서의 책임을 기피한 태도라 하겠습니다.

반면에 가정 형편때문에 자녀를 상급 학교에 진학시킬 수 없는 상황임에도 불구하고 모든 것을 희생하며 오직 자녀의 장래를 위하여 진학시키는 부모가 있습니다. 자녀를 상급 학교에 진학시키는 것만이 훗날 자녀도 잘 살고 부모도 잘 살고 가족 모두가 잘 살 수 있는 유일한 방법이라고 생각하여 소나 논, 밭을 팔아서까지 무조건 상급 학교에 보내는 경우이지요.

물론 학교가기를 애타게 갈망하는 자녀에게는 부모로서 최대한의 노력을 다해야 할 것임은 당연한 일입니다.

하지만 상급 학교에 진학하는 것만이 모든 출세의 길만은 아닙니다. 요즈음 대학을 나와도 취직을 하지 못하는 사람이 얼마나 많습니까? 극히 일부이지만 상급학교에 안다니고 성공한 신종 직업이 대단히 많아지고 있습니다. 또 어떤 경우에는 대학 교육을 받지 않고도 얼마든지 할 수 있는 일을 대학 나온 사람이 하고 있는 것을 볼 수 있습니다.

용기와 자신을 가질 수 있게 한다

그러므로 어려운 가정 형편으로 진학하지 못하는 것을 비통하게만 생각할 것 없습니다. 물론 당장은 남들이 다 진학하는 것을 포기해야 하니 허전할 것입니다. 그러나 이를 극복할 수 있도록 도와주어야 합니다. 특히 물질적으로 전연 도움이 될 수 없는 처지라 해서 부모 자신이 실망하고 있다면 자녀들에게 미치는 영향이 좋을리 없습니다. 또, 자녀의 의욕을 무조건 좌절시키지 말아야 합니다. 이때 잘못하면 자녀로 하여금 비행의 늪에 빠져 들게 할 수도 있으니까요. 꾸준한 대화로써 그들이 부모의 심정을 십분 이해하고, 자신이 처해 있는 환경을 받아들이고 자기에게 맞는 진로를 찾을 수 있도록 도와 주어야 합니다.

노예 해방으로 온 인류의 추앙을 받고 있는 미국의 링컨 대통령도 소년 시절에는 집이 가난하여 학교에 다니지 못했습니다. 그러나 그의 마음은 항상 향학열에 불탔고 책을 읽고 싶은 의욕에 가득 차 있었습니다. 링컨은 어느 날 이웃으로부터 책을 빌려 열심히 읽다가 책상 위에 펴 놓은 채로 잠이 들고 말았습니다. 그날 밤 비가 몹시 내려 낡아 빠진 천정 사이로 빗물이 떨어져 책이 다 젖어 버렸습니다. 하지만 링컨은 그것을 변상해 줄 돈이 없었기 때문에 책값 대신 그 집에서 일을 해 주기로 했습니다. 이처럼 가난했던 환경 속에서도 링컨은 끝내 좌절하지 않고 남보다 몇 배의 노력을 하여 변호사 시험에 합격하고 주 의회 의원에 당선되어 마침내 세계적으로도 유명한 대통령이 되었습니다. 필자도 광부출신이지만 대학교수가 되었습니다. 나는 가난이 오히려 성공의 어머니가 되었습니다.

'뜻이 있는 곳에 길이 있다'는 말이 있습니다. 아무리 궁지에 처해 있다 하더라도 확고한 뜻만 있으면 살 수 있는 묘책이 서게 된다는 말입니다. 이와 마찬가지로 비록 가정 형편이 어려워 상급 학교에 진학하지 못한다 하더라도 공부하고자 하는 굳은 뜻, 성공하고자 하는 굳은 뜻만 있으면 얼마든지 그 뜻을 실현할 수 있습니다. 굳이 공부를 더 하고 싶다면 일을 하면서 할 수도 있고 사회인이 된 후라도 얼마든지 할 수 있는 길이 있습니다.

어린 나이에 한 집안의 가장 역할을 하며, 낮에는 직장에서 일을 하고 밤에는 학교에서 공부하며 지낸 사람들 중에 성공한 사람들을 종종 볼 수 있습니다. 혹은 직업에 대한 준비를 남보다 먼저 서두르고 취직을 하여 사회에서 필요로 하고 스스로도 만족해하는 직업인을 볼 수 있습니다. 이런 사람들의 경우는 오히려 가난이 그들로 하여금 성공할 수 있는 동기를 유발시켰다고도 볼 수 있습니다. 독일의 경우에도 2차 세계 대전 때 부모를 잃고 어려운 가정에서 자란 사람들이 오늘날 대부분 성공했다고 합니다.

결국 가장 중요한 것은 본인의 굳은 의지입니다. 따라서 자녀들로 하여금 확고한 인생의 목표를 세울 수 있도록 지도하십시오. 현재의 상황이 매우 불만족스럽기 때문에 그들은 어느 누구보다도 미래를 바라보며 지내도록 해야 합니다. 그러기 위해서는 그저 세월가는 대로 지내다가 미래를 맞이하게 할 것이 아니라, 보다 확고한 인생의 목표를 세워서 생활하도록 하는 것이 좋습니다. 그렇게 하면 현재의 상황에도 어려움을 덜 느낄 뿐만 아니라 목표 없이 지낸 사람보다 훨씬 바람직한 미래를 설계할 수 있을 것입니다.

4. 부모 때문에 희생되는 자녀

이화여대 김재은 박사의 저서 「아이는 이렇게 키워라」에서 매우 놀라운 내용을 발견한 적이 있습니다. 어머니의 성화가 몰고 온 비극에 대한 이야기입니다.

하루는 초등학교 4학년 남자아이를 데리고 어떤 어머니가 김 박사의 연구실에 찾아왔습니다. 어머니는 "저, 실은요, 이 아이가 태권도장에서 운동을 하다가 팔이 골절을 했어요. 그래서 한 40일 동안 학교도 못간 채 요양을 해서 나았

거든요. 그런데 글쎄, 이번에는 자기가 자기 팔을 일부러 부러뜨렸지 뭡니까?"라고 이야기하며 매우 흥분했습니다. 그래서 김 박사는 아이의 성격 진단을 하기 위해 치료실로 데리고 갔는데 거기서 아이로부터 충격적인 말을 들었다고 합니다. "제가 팔이 나으니까요, 엄마는 곧장 피아노 레슨이다, 태권도장이다, 미술 학원엘 가라고 그러잖아요. 안 가면 때리고 야단치고 용돈도 안 줘요. 하지만 지난번 팔을 다치고는요, 아무데도 안가도 되었거든요. 그 땐 참 좋았어요. 그래서 제가 계단난간에 일부러 부딪쳐 또 다쳤지요 뭐."라고 하더라는 겁니다. 정말 섬뜩한 이야기입니다.

부모의 성화에 자녀가 희생되는 이러한 현상은 우리 주변에서 많이 발견할 수 있습니다. 다음에서 보다 구체적인 사례를 들어가며 이 문제에 대하여 좀 더 살펴보기로 하겠습니다.

우울증에 빠져 있는 대입 재수생 김군

꺼칠한 피부와 야윈 체격, 그리고 웃음기 없는 표정의 대입 재수생 김 군은 무척 내성적인 성격의 소유자입니다. 다른 사람 앞에서 이야기할 때에는 얼굴이 빨개지며 말이 잘 안 나온다고 합니다. 부모님이나 가족 앞에서도 혼잣말처럼 이야기한다고 합니다. 가끔 가슴 속이 텅 비어 있는 것 같기도 하고 허전함과 소외감이 밀려와 실컷 울고 싶을 때가 많다고 합니다. 한 마디로 말하여 김군은 우울증과 열등감이 교대로 나타나는 문제 증상을 갖고 있었습니다.

김군이 이렇게 된 데에는 나름대로 충분한 원인이 있었습니다. 김군은 조용히 그림 그리는 것을 좋아하기 때문에 어린 시절부터 화가가 되는 것이 꿈이었습니다. 그런데 부모님들은 돈이 잘 벌리는 다른 직업을 택하도록 강요하시고 있습니다. 특히 김군의 아버지는 아들의 주장을 하나도 들어 주지 않는 완고하고도 독불 장군적인 성격이었으며, 어머니는 끊임없이 아들에게 잔소리를 하였습니다. 여기에서 김군의 진로 지도는 어떻게 해야 할까요?

자녀를 있는 그대로 인정해야 한다

김군의 경우 가장 시급히 해결되어야 할 점은 부모의 태도입니다. 흔히 부모의 성화나 지나친 기대는 자녀를 위축시키며 욕구 좌절을 초래하여 결국은 바람직하지 못하다는 사실입니다. 자녀의 모습을 과대평가하거나, 과소평가해서는 안 됩니다. 사람은 저마다의 그릇이 있기 때문에 그 그릇에 맞는 인생을 설계해야 합니다. 거듭 말하지만 자녀의 모습을 올바로 파악하고 있는, 그대로 인정하는 것, 이것이 바로 진로 지도에서 가장 명심해야 할 철칙입니다.

2 부
학습지도

Ⅰ. 학습이란 무엇인가

1. 학습의 의미는

　어떤 사람이든 태어는 이후 시간이 지남에 따라 어떤 변화를 맞게 됩니다. 그 중에는 그저 시간이 흘러서, 즉 배우지 않고도 시간의 경과에 따라 자연적으로 나타나는 변화가 있습니다. 이를테면 아기는 갓 태어났을 때에는 누워 있기만 하다가 시간의 흐름에 따라 기어다니고 일어서고 걸으며 뛸 수 있게 됩니다. 또 나이가 먹을수록 점점 키도 커집니다. 이 같은 자연적 변화들은 하나의 '성숙'의 결과라고 할 수 있습니다.

　한편, 어떤 경험이나 훈련의 결과 나타나는 변화가 있습니다, 예를 들어, 갓난아기는 처음에 '엄마', '아빠'를 구별하여 부를 수 없다가 한 살쯤 되었을 때 '엄마', '아빠'를 따로 부르게 됩니다. 이는 주위에서 '엄마', '아빠'를 부르는 소리를 듣고 배웠기 때문에 변화가 일어난 것이며, 이 때 아기가 '학습'을 했다고 할 수 있습니다.

　마찬가지로 아침에 일어나서 세수하고, 학교에 갈 때 부모님께 인사하며, 좌측으로 통행하고, 책을 읽고, 글을 쓰며, 자전거를 타는 등의 행동을 하는 것도 '학습'의 결과입니다

　이렇게 말은 배우는 것뿐만 아니라, 어른들의 행동을 보면서 하나하나 모방하여 배우고, 다른 사람들의 생활 태도

를 보고 자기의 태도를 개선한다든지, 사회의 어떠한 습관을 경험하고 사회생활을 하는 방식을 배우는 것을 가리켜 '학습'이라고 합니다. 한 마디로 말하여 어떤 환경 속에서 새로운 경험이나 연습의 결과로서 변화를 가져오게 되었을 경우를 '학습'이라고 정의합니다.

2. 학습지도는 왜 해야 하나

아이는 자연스럽게 내버려 두어도 어느 정도의 학습을 하게 됩니다. 특별히 지도받지 않아도 생각하거나 행동하는 데 약간의 변화가 있을 수 있습니다.

그러나 그런 학습에 의한 변화가 반드시 바람직한 방향으로만 진행된다고는 볼 수 없습니다. 경우에 따라서는 바람직하지 못한 변화, 즉 좋지 않은 학습을 하는 수도 있습니다. 예를 들어, 하지 않던 싸움을 하거나 거짓말을 배우거나 신호등을 무시하고 길을 건너는 버릇이 생겼다면, 이는 학습이 되었어도 좋은 학습이라고 할 수 없을 것입니다.

만일 이 때 그런 것들을 배우도록 그대로 내버려 두지 않고 누군가가 올바르게 지도했다면 결과는 달라졌을 것입니다. 여기에서 옳지 못한 사고방식과 행동을 배우기 전에 바람직한 방향으로 행동 변화를 가져오도록 학습을 지도할 필요가 있습니다. 이것이 바로 학습지도를 해야 하는 첫번째 이유입니다.

한편, 그대로 내버려 두어도 바람직한 방향으로 학습해 가는 어린이도 있습니다. 그러나 이런 어린이도 지도하지 않고 내버려 두면 바람직한 방향으로의 학습은 할지라도 효과적이며 능률적인 학습을 하기는 어렵습니다. 왜냐하면 옆에서 도와주어야만 보다 능률적인 학습이 되기 때문입니다.

예를 들어, 바닷가에 사는 어린이들은 어려서부터 생활하는 가운데 자연스럽게 바닷 물을 접하여 가르침을 받지 않고도 자기 나름대로 수영을 할 수 있습니다. 하지만 누구에게선가 적절한 지도를 받는다면 보다 훌륭한 방법으로 수영을 할 수 있을 것입니다. 또 미군방송(AFKN)을 틀어 놓고 혼자서 영어 회화를 학습하는 사람의 경우를 예로 들면, 이 사람에게 누군가 영어에서 주로 사용되는 기본어법을 가르쳐 주고 틀린 발음을 고쳐 주면서 지도해 줄 때 보다 빨리, 그리고 효과적으로 창조적 학습을 할 수 있으리라는 것은 자명한 일입니다.

이처럼 학습을 함에 있어서 자연적인 상태로 내버려 두어서는 효과적이고 능률적인 것이 될 수 없으므로, 부모가 옆에서 이끌어 주고 도와주어야 할 필요가 있습니다. 이것이 학습지도를 해야 하는 두 번째 이유입니다.

Ⅱ. 학습력 기르기

1. 학습할 수 있는 분위기

심리학자들에 의하면 학습은 환경의 영향을 크게 받는다고 합니다. 레빈(Lewin)이라는 심리학자는 "사람의 행동은 개인과 그를 둘러싸고 있는 환경과의 관계로 나타난 결과"라고 설명하였습니다. 즉, 사람의 행동은 개인의 상태와 주변의 환경이 상호 작용하여 결정된다는 것입니다.

'학습'이라는 행동도 학습하는 사람과 그를 둘러싸고 있는 주위환경이 상호 작용하는 가운데 이루어지게 됩니다. 따라서 능률적인 공부가 되고 못 되는 것은 주변의 환경이 어떠하냐에 따라 어느 정도 결정된다고 할 수 있습니다.

좋은 학습은 좋은 분위기에서

부모로서는 우선 가정환경이 자녀들의 공부에 어떠한 영향을 미치는지 살펴볼 필요가 있습니다. 다시 말해서 자녀가 학습할 수 있는 알맞은 분위기가 가정에 조성되어 있느냐 하는 것을 살펴보아야 한다는 것입니다. 예를 들어, 텔레비전은 있어도 자녀가 공부할 분위기가 되어 있다고 말할 수는 없을 것입니다.

자녀의 학습에 바람직한 환경을 조성해 주려면 우선 공부방에 대하여 생각해 보아야 합니다. 공부방의 위치는 정신 집중이 잘 될 수 있도록 장소를 택하는 것이 좋습니다. 또한 공부방의 조명은 알맞게 밝게 하는 것이 좋습니다. 지나치게 밝거나 직접적인 조명은 기분을 들뜨게 하고, 어두운 조명은 시력을 해치므로 피하는 것이 좋겠습니다.

공부방을 마련해 주는 것 외에 책상을 사 준다거나, 혹은 공부하는데 필요한 여러 학습 자료나 학용품을 구비해 주는 것도 바람직한 학습 환경을 조성해 주는 일이라고 할 수 있습니다. 이렇게 하는 것은 모두 물리적인 환경을 갖추어 주는 일입니다.

그런데 자녀에게 학습할 분위기를 조성해 주는 데 있어서 보다 중요한 것은 가정·학교의 심리적인 환경을 만들어 주는 일입니다. 다시 말해서 심리적·정서적으로 편안한 느낌을 가지도록 분위기를 조성해 주는 일입니다. 공부를 할 때 어머니와 아버지가 싸우고 있다든지, 다른 형제가 크게 야단을 맞고 있다면 제대로 공부에 몰두할 수 없을 것입니다.

가정에 불화가 생기고 서로 반복하는 일이 있으면, 그것이 직접 어린이의 일로 인한 것이 아니라 하더라도 어린이는 불안정한 상태에 빠지고 학습 의욕이 걷잡을 수 없이 감퇴될 가능성이 높아집니다. 뿐만 아니라 부모의 바람직하지 못한 성격이나 자녀 양육 태도도 자녀의 학습 생활에 좋지 않은 영향을 줍니다.

만일 어떤 부유한 가정에서 자녀에게 좋은 공부방과 책상을 마련해 주고 온갖 종류의 학습 참고서를 구비해 주었다 하더라도, 부부관계가 좋지 않다든지 부모의 자녀에 대한 태도가 너무 강압적이라면, 이는 결코 좋은 학습 환경이라고 할 수 없습니다. 왜냐하면 그런 분위기에서 아이가 정서·심리적으로 안정되기는 어려울 것이기 때문입니다.

자녀에게 학습할 수 있는 좋은 학습 분위기를 만들어 주려면 무엇보다도 화목한 가정환경을 조성해야 한다는 것을 거듭 강조하고 싶습니다. 어머니와 아버지가 서로 사랑하고 부모가 자녀를 아껴 주며 형제끼리 우애가 있어 가족이 화목을 이루는 일은 자녀의 학습은 물론 원만한 인격체로서의 성장을 위하여서도 반드시 우선되어야 할 조건입니다. 한마디로 말하여 자녀를 둘러싸고 있는 인적환경을 바람직한 환경으로 만들지 않으면 자녀에게 좋은 학습을 시킬 수가 없는 것입니다.

"우리 아이는 좋은 공부방에 비싼 학원에 보내 주고 사 달라고 하는 학습 참고서도 다 사 주었는데, 왜 성적이 이 모양인지 모르겠다."고 푸념하시는 부모님들, 혹시 자녀에게 정서·심리적인 안정감을 주는 데는 신경을 쓰지 않으신 것이 아니었던가요? 이번 기회에 한 번 생각해 보시기 바랍니다.

우리 집 분위기는 아이들 공부에 적합한가

「리더스 다이제스트」(1987년 2월호)는 가정의 학습 환경을 평가할 수 있도록 만든 설문을 소개하고 있습니다. 이 설문은 블룸(Bloom)이라는 미국의 저명한 교육학자가 고안한 것인데, 부모가 자녀들의 학교 성적을 올릴 가정환경을 조성해 주고 있는지 아닌지를 쉽게 판정해 주고 있습니다. 그 설문 내용과 평가 방법을 소개하면 다음과 같습니다.

부모님들, 잠시 펜을 드시고 설문에 응답하신 후 과연 우리 집의 학습 환경은 어느 정도 되는지 직접 채점해 보시기 바랍니다. 아래 각 문항에 대한 대답이, 당신의 경우 '언제나 그렇다'면 2점, '때때로 그렇다'면 1점, '그런 경우 좀처럼 없다'거나 '전혀 그렇지 않다'면 0점을 매겨 가면 됩니다.

① 우리 가족은 각자가 집안일을 책임지고 있다. 적어도 한 가지 일을 시간에 맞춰 해 놓아야 한다.

② 우리 가족은 정해진 시간에 식사하고 잠자며 쉬고 일하고 공부한다.

③ 나는 우리 아이가 놀거나 텔레비전 시청 또는 다른 일을 하기 전에 먼저 학교 공부와 독서를 하도록 한다.

④ 나는 우리 아이가 학교 공부를 잘 하면 가끔 다른 사람이 있는 앞에서도 칭찬해 준다.

⑤ 우리 아이는 조용한 공부방과 책상, 그리고 사전이나 참고서 등을 가지고 있다.

⑥ 우리 가족은 취미 생활, 오락, 뉴스, 각자 읽은 책, 텔레비전 프로그램이나 영화에 관해 대화를 자주 나눈다.

⑦ 우리 가족은 박물관이나 도서관, 동물원, 고적지 등을 찾아가곤 한다.

⑧ 우리 아이가 바르게 말하는 습관을 가지도록 지도하며, 정확한 단어와 표현법을 사용하고 새로운 표현법을 익히도록 도와준다.

⑨ 우리 가족은 저녁 식사 시간에 각자 그 날 일어났던 일에 대해 얘기를 나눈다.

⑩ 나는 우리 아이의 선생님을 알고 있으며, 그 아이가 요즈음 학교에서 무슨 공부를 하고 있는지, 어떤 교재를 쓰고 있는지도 알고 있다.

⑪ 나는 우리 아이의 장점과 단점을 알고 있어서 필요할 때에는 격려하고 도와준다.

⑫ 나는 우리 아이에게 장래 문제, 고등학교와 대학에 진학하는 문제, 그리고 더 높은 교육을 받거나 좋은 직업을 갖는 문제에 관해 이야기해 준다.

이상 12개 설문의 응답 결과, 점수가 10점 이상이면 당신의 가정은 자녀의 학교 공부를 도와주고 격려해 준다는 점에서 상위 25%의 가정에 속합니다. 점수가 6점 이하면 하위 25%의 가정에 속하며, 6점에서 10점 사이에 있으면 평균적인 가정이라고 할 수 있습니다.

채점해 보신 결과, 당신 가정의 분위기는 자녀의 공부에 얼마나 적합한 것으로 판명되었습니까?

2. 효과적인 학습 방법

"우리 아이는 매우 열심히 공부를 하는데도 성적이 좀처럼 올라가지 않습니다. 왜 그럴까요?"

필자를 찾아와서 교육 상담을 하는 사람 가운데는 이 같은 말을 하는 부모들이 꽤 많습니다. 그런데 그 원인을 분석해 보면, 공부를 열심히 하고는 있지만 공부 방법이 효과적이지 못하였기 때문인 경우가 많습니다. 능률을 올리지 못하는 학습 방법으로는 아무리 오랜 시간 공부한다 해도 학력이 향상되기가 어렵습니다.

이를 스포츠에 비유해서 설명하면 보다 이해가 잘 되리라 생각합니다. 예를 들어, 취미 생활로 테니스를 즐기려는 두 사람이 있을 때, 한 사람은 그저 무턱대고 자기 식대로만 연습하고 다른 한사람은 코치의 올바른 지도 아래 연습한다면, 이들 중 누가 보다 빨리 테니스에 숙달되겠습니까? 당연히 후자일 것입니다.

강요로 10시간 앉아 있는 것 보다 스스로 공부하는 것이 효과적 입니다. 학습도 이와 마찬가지입니다. 효과적인 학습법으로 공부를 해야 학력이 향상될 수 있습니다. 그러면 효과적인 학습법이란 어떤 것인지 알아보기로 하겠습니다.

뚜렷한 목표를 가지도록 한다

우선, 중요한 것은 학습을 할 때 확실한 목표를 가지도록 하는 일입니다. 무슨 일이든지 확고한 목표를 가지고 임할 때 그 성취도가 보다 높게 나타나게 마련이며, 이는 학습에 있어서도 마찬가지입니다.

공부하는 자녀에게는 왜 공부를 하지 않으면 안 되는가 하는 이유를 분명히 주지시켜 주어야 합니다. '이런 것은 꼭 알아야겠다', '이런 걸 꼭 배우고 싶다'는 목표 의식을 갖게 해야 합니다. 즉, '왜' 배워야 하며 '무엇'을 배워야 하는지를 뚜렷이 알도록 해야 한다는 것입니다.

대부분의 경우 부모님들은 공부하기 싫어하는 아이를 억지로 책상 앞에 끌어다 앉히고 공부를 시키게 되는데, 이렇게 하여서는 공부의 능률이 오를 리가 없습니다. 뚜렷한 목표 의식 아래, 스스로 공부하려는 의욕과 흥미를 가지고서 학습에 임하도록 하는 것이 학업 능률을 올리는 첫번째 학습 방법입니다.

학습 계획을 철저히 짠다

계획 없이 일을 추진하는 것보다 계획을 가지고 추진하는 것이 보다 높은 효과를 얻을 수 있음은 지극히 당연한 이치입니다. 학습에 있어서도 계획을 짜는 것은 꼭 필요한 일이라 하겠습니다.

가정 학습에서 계획을 세울 때는 어디까지나 학교생활과 연계된 범위 내에서 세우도록 하는 것이 중요합니다. 학교에서의 학습이 그대로 가정 학습에 이어지고, 또 가정에서의 학습이 학교 학습에 연결될 수 있도록 해야 합니다. 만일 가정에서 철저히 계획표를 작성하여 학습한다 하더라도, 그 내용이 학교에서의 학습 내용보다 너무 어렵거나 쉽다면, 또 학교에서 배우는 진도보다 너무 빠르거나 늦다면 큰 효과를 얻을 수 없을 것입니다.

가정 학습 시간표를 짤 때에는 숙제, 복습, 예습의 시간 배당과 학과목별 시간 배당도 알맞도록 고려해야 합니다. 물론 자유로이 노는 시간과 텔레비전을 보는 시간까지도 포함시켜, 학교에서 돌아온 때부터 잠자리에 들 때까지의 계획표를 작성하고 이를 꼭 지키도록 한다면 더욱 좋겠습니다.

학과목별로 시간을 배정함에 있어서는 효율성을 높이도록 여러 가지로 고려할 필요가 있습니다. 예를 들어, 특별히 좋아하는 과목과 싫어하는 과목을 잘 파악하여 가장 능률적인 시간에 가장 어려운 과목이나 하기 싫어하는 과목을 배치하도록 하는 것도 좋은 방법입니다. 또 어떤 어린이는 낮 시간에 집중이 잘 되고 어떤 어린이는 밤 시간에 집중이 잘 될 수 있으니, 이런 점도 파악하여 과목을 적절히 배정하는 것이 효과적입니다.

이와 같이 부모는 자기 자녀에게 맞는 능률적인 학습 시간을 찾아주는 일을 해야 합니다. 보편적으로는 두뇌 작용이 비교적 활발한 오전이나 주초에 머리를 쓰는 공부를 하게하고, 두뇌 작용이 둔해지는 오후나 밤에는 쉽게 할 수 있는 공부를 하도록 하는 것이 좋습니다.

한편, 학습 시간의 양에 있어서는 하루에 많은 시간을 집중적으로 공부하는 것보다 적은 시간이라도 꾸준히 매일 공부하는 것이 더 효과적임을 알아야 합니다. 우리가 한 번에 너무 많이 먹는다면 배탈이 나는 것처럼 두뇌도 한꺼번에 많은 학습량을 받아들이지 못한다고 합니다. "왜 매일 공부를 해야 하는가" 하는 질문에 대하여 대뇌 생리학자들은 "매일 거르지 않고 공부를 계속해야 두뇌가 빠름 발달을 하기 때문"이라고 합니다. 두뇌 발달 속도가 특히 빠른 초등학교 시기에는 매일 매일의 공부가 더욱 중요하다고 합니다.

흔히 많은 학생들이 시험을 앞두고 한꺼번에 벼락치기로 공부하고 있는데, 이는 좋지 못한 학습방법이라 하겠습니다. 하는 수 없이 시간에 쫓기어 집중적으로 공부해야 할 경우라면 수학이나 과학 과목처럼 머리를 써야 하는 공부를 하다가, 적당한 시간에 다른 가벼운 암기 과목으로 바꾸어서 공부하는 것이 학습 효과를 올리는 한 방법이라 하겠습니다.

반복 학습을 한다

어제 공부한 것이라도 오늘 다시 펴 보면 기억이 잘 나지 않는 경우가 많습니다. 이해를 충분히 한 것이라도 훗날 다시 보면 또다시 새로운 것 같습니다. 이는 학습한 후 너무 시간이 지나서 잊어버린 결과입니다.

따라서 공부를 한 후에는 반드시 하루나 이틀 사이에 반복하는 것이 효과적입니다. 물론 이 반복 학습을 건성으로 슬슬 넘어간다면 아무런 효과가 없고, 처음 시작할 때처럼 정독을 하도록 해야 합니다. 그러면 틀림없이 학습력의 상승효과가 생길 수 있게 됩니다.

학습의 방법을 올바르게 실행한다

마지막으로, 효과적인 학습 방법의 하나로서 권장하고 싶은 것은 평소의 학습 방법 하나하나를 보다 올바르게 실행하라는 것입니다. 이를테면 수업 시간에 올바른 자세로 정신을 집중하여 들으며 수업 내용의 골자를 기록해 둔다든지, 낱말이나 수학 공식을 기억하기 위하여 카드 작성을 하는 것 등을 말합니다. 특히 무슨 문제든지 깊이 탐구하고 끝까지 해결하기 위하여 애쓰며, 그 결과에 대해서는 중요점에 주의를 하고 잘못을 고치는 습관을 지니고 있어야 합니다. 필자의 경우 어릴 때부터 지금 63세까지 항상 꾸준한 학습 방법을 적용하여 왔습니다.

그런데 최근 들어 효과적인 학습 방법이라고 하여 초능력 학습 강좌가 성행하고 있음을 볼 수 있습니다. '무엇이든 5분간에 1백 개 기억', '신비의 기억법'이라는 선전 문구가 요란해지면서 이들 강좌에 부모의 손에 끌려 나온 학생들이 줄을 잇고 있습니다.

하지만 전문 학자들의 말에 의하면 초능력 학습법은 잠시의 효과는 있을지 모르나 오래 가지 못하며, 특히 어린이에게 쉽고 빠르게 공부하려는 풍조뿐만 아니라 인생을 요령껏 살려는 의식을 심어주기 때문에 좋지 않다고 합니다. 자녀의 학습을 위해 애쓰시는 부모의 마음은 이해하지만 잘 파악하고 실행하시기 바랍니다. 평소에 학습의 방법을 올바르게만 실행하면 이런 것은 필요 없는 일입니다.

3. 학습과 휴식

공부하는 것도 직장에서 일하는 것처럼 하나의 일이며 직업이기 때문에 어쩔 수 없이 피로를 느끼게 됩니다. 특히 학습의 결과가 기대했던 것만큼 좋지 않을 때에는 더욱 피로가 쌓이게 마련입니다.

학습에서 오는 피로는 정신적인 피로이기 때문에 육체적인 피로처럼 쉽게 해소되지 않습니다. 이런 경우, 이 피로를 해소하지 않고 계속 공부하게 되면 학습력이 저하된다는 것은 말할 필요도 없습니다. 적절한 휴식이야말르 다음 학습을 능률적으로 계속할 수 있게 하는 필수 요인입니다. 따라서 자녀의 휴식을 올바르게 지도하는 것은 자녀의 학습력을 향상시키기 위해 부모가 꼭 해야 할 일입니다.

흔히 공부를 하고 난 뒤에 머리를 식히는 방법으로 잠시 휴식을 취하는 방법이 있습니다. 대체로 공부 시간 40분 정도에 20분씩 쉬는 것이 두뇌를 유효하게 사용하는 방법이라고 합니다. 그런데 초등학교 어린이는 아직 어려서 공부하는 시간과 휴식 시간을 스스로 조정하지 못하기 때문에 어머니가 알아서 조정해 주어야 하며, 이 때 유의해야 할 점은 휴식 시간에 공부를 깨끗이 잊고 완전한 휴식이 될 수 있도록 해야 한다는 것입니다.

휴식을 취하는 방법으로는 가볍게 산책 등을 하거나 목욕을 하는 방법이 있습니다. 특히 잠깐 옆으로 드러누우면 몸에 쌓인 피로 물질이 제거되어 좋다고 합니다. 또 무릎을 벌리는 듯이 하면서 앉는 자세를 취하거나, 연한 차를 마시는 것도 졸음을 쫓아내는 방법으로 좋다고 합니다.

어떤 어머니들은 지나칠 정도로 푸짐한 음식을 마련해 주기도 하는데, 이는 오히려 두뇌 작용을 둔하게 하기 때문에 별로 바람직하지 못합니다. 그보다는 평소에 먹는 음식을 주기적으로 바꾸어 준다든지, 야채류를 충분히 섭취할 수 있도록 해 주는 것이 피로 회복에 훨씬 좋습니다.

신체 활동을 통하여 휴식을 취한다

공부에서 오는 피로를 푸는 방법을 신체적인 활동과 연관시켜 생각하는 사람은 그리 많지 않은 것 같습니다. 하지만 최근 전문 학자들의 연구에 의하면, 두뇌의 작용과 신체는 밀접한 관계를 가진다는 것이 밝혀졌습니다. 적당히 운동하여 근육에 자극을 주면 그 자극이 신경계에 전해져서 두뇌 세포의 작용을 활발하기 한다는 것입니다. 이는 공부에 시달려 저하된 정신적인 에너지를 육체적인 에너지의 발산으로 회복시킬 수 있다는 것입니다.

따라서 자녀가 공부를 하다가 피로에 지친 모습을 보이면, 부모가 함께 가볍거 운동을 하거나 심호흡을 크게 하거나 드러누워 다리를 뻗게 하는 등 신체 활동을 하게 하는 것이 좋습니다. 그러나 심한 운동은 운동 직후 머리의 집중 능력을 떨어뜨리므로 ㅍ하는 것이 좋습니다.

Ⅲ. 가정 학습지도

"숙제가 없으면 아이들이 놀기만 하고 공부를 안해요."

"숙제가 너무 많아서 아이들이 집에 와도 놀 시간이 없어요."

숙제 문제를 놓고 부모들 사이에는 의견이 분분합니다. 그런가 하면,

"공부를 잘 하게 하려면 예습을 꼭 시켜야 한다."

"아니다. 예습보다는 복습을 시켜야 한다."

등의 논란이 있기도 합니다.

부모들의 이 같은 대화에서도 알 수 있듯이, 가정에서의 학습지도는 주로 숙제와 예습, 복습을 위주로 하게 됩니다. 여기서는 이들 지도 문제에 대하여 알아보기로 하겠습니다.

1. 숙제 지도

초등학생 자녀를 둔 부모라면 누구든지 자녀의 숙제에 큰 관심을 가지고 있을 것입니다. 우선 학교에서는 과연 무슨 생각으로 숙제를 내 주는지에 대해 알아보겠습니다.

숙제를 내는 이유로서 가장 중요한 것은 아이들에게 공부하는 습관을 키워 주고자 함입니다. 다시 말해서 숙제를 통하여 집에서 어린이 스스로 학습하는 태도를 길러 주자는 것

입니다.

둘째로, 학교에서의 공부와 가장에서의 공부가 연계성을 갖도록 하기 위하여 숙제를 낸다고 할 수 있습니다. 어린이들은 단순하기 때문에 정신없이 놀게 놔두면 내일 할 일을 생각하지 못함은 물론, 오늘 있었던 일마저도 잊어버리게 됩니다. 만일 숙제가 없다면 전날 학교에서 배운 것들을 모두 잊어버린 채 다시 학교에 갈 것입니다. 그 때문에 집에서의 숙제가 필요한 것입니다.

그 밖에도 학교에서 숙제를 내 주는 데는 배운 것을 복습하여 더욱 이해를 잘 할 수 있도록 하거나, 다음 날 배워야 할 것을 예습시키려는 뜻도 있다고 하겠습니다.

그러면, 이러한 이유들을 염두에 두고 자녀의 스스로 숙제 지도는 어떻게 해야 할지에 대하여 생각해 보겠습니다.

숙제를 지도하는 요령

숙제 지도에 있어서 특히 유의할 것은 자율적으로 숙제할 수 있는 능력을 길러 주는 일입니다. 이는 숙제를 스스로 해결하도록 하는 의미 외에도 모든 일을 자율적으로 처리하는 자세와 독립심을 길러 준다는 면에서도 중요한 일입니다.

그런데 우리 주변에는 숙제를 처음부터 끝까지 부모가 주도하여 해 주는 경우가 흔히 있습니다. 만일 어린이가 전혀 모르는 식물을 산에 가서 찾는 숙제라면 어쩔 수 없을 것입니다. 그러나 아이들 스스로 해결할 수 있는 숙제는 자신이 해결하도록 해야 합니다.

자율적으로 숙제할 수 있는 능력을 길러 주기 위해서 가능한 한 각종 학습 자료를 마련해 주는 것도 한 방법입니다. 예를 들어 하와이의 위치와 특산물을 알아 오는 숙제를 할 때, 이에 관한 참고자료가 있다면 부모에게 묻지 않고도 어린이 스스로 재미있게 풀어나갈 것입니다. 그러나 만일 참고 자료가 없다면 자연히 부모에게 물어 보게 되고, 이 때 부모가 직접 하와이 위치를 그려 준다거나 특산물에 대해 모두 알려 준다면, 그 숙제는 어린이가 아닌 어른이 한 셈이 되어 교육상 어린이에게 도움이 되었다고 할 수가 없습니다.

따라서 숙제 지도를 할 때 부모가 판단해 보건대 도움 없이 할 수 있을 정도면 혼자서 하도록 지켜보고, 그렇지 않을 경우에는 그 답을 선뜻 가르쳐 주지 말고 참고 자료를 이용하여 답을 스스로 찾아보도록 유도하여야 합니다.

그런데 숙제 지도에 있어서 특히 주의해야 할 점이 있습니다. 숙제를 지도하는 과정에서 자칫 잘못하여 어린이에게 주어진 숙제만을 하는 습관을 심어 줄 우려가 있다는 것입니다. 다시 말해서, 숙제만 하면 가정 학습은 끝나는 것으로 생각하고, 선생님이나 부모로부터 지시 받지 않은 것은 공부하지 않으려는 태도가 형성될 수도 있다는 것입니다.

그러므로 가정에서 숙제를 지도할 때에는 숙제를 자기 것으로 받아들이는 태도를 갖추도록 하는데 초점을 맞추어야 합니다. 즉, 숙제는 개인적인 문제라는 것을 인식시킬 필요가 있습니다. 부모가 늘 숙제에 신경을 쓰거나 잔소리로 꾸짖기보다는 어린이 스스로 자기 책임 아래 자진해서 할 수 있도록 하는 것이 좋습니다.

특히 초등학교 저학년인 경우는 노는 시간과 숙제하는 시간을 자기 스스로 조정하지 못하고 참을성도 부족하므로 숙제를 일부분만 한다거나, 숙제하는 것조차 잊어버리기도 합니다. 이 때 부모가 올바로 지도해 주지 않으면 상급 학년으로 올라가면서도 숙제를 자신감 있게 처리하지 못하고 책임 의식이 희박해지는 결과를 초래할 수도 있습니다.

따라서 자녀의 숙제 지도는 초등학교에 갓 입학해서부터 시작하여야 하며, 상급 학년으로 올라가면서도 지속적으로 관심을 가지는 것이 좋습니다. 물론 그렇다고 하여 자녀의 숙제를 하나하나 참견하라는 말은 아닙니다. 다만, 부모들 가운데에는 자녀가 학교에 갓 입학했을 때에는 숙제가 마치 부모 자신에게 주어진 것인 양 열심히 도와주다가도, 고학년이 되어 가면서 차츰 거들떠보지도 않는 어머니가 많기 때문입니다.

혹시 어머님께서는 자녀에게 "숙제 다 했니?"라고 묻는다거나, "숙제 마치고 놀아라."는 주의를 주는 것으로 어머님의 할 일을 다 했다고 생각하지는 않으십니까?

이제부터라도 가능한 한 자녀가 숙제를 시작할 때에는, 오늘 숙제는 무엇인가, 아니면 참고 자료나 도움이 특별히 필요한 것인가를 관심을 가지고 살펴보도록 하십시오. 이렇게 하면 학교에서 요즈음 무엇을 배우고 있는지 진도도 알 수 있어서 자녀의 학습지도에 큰 도움이 될 것입니다.

어느 초등학교 선생님의 말씀에 의하면, 숙제를 하면서 어린이의 학습 태도가 길러질 뿐만 아니라, 숙제 속에 복습과 예습 등 학습의 주요 내용이 포함되기 때문에 가정에서의 학습지도는 숙제를 중심으로 하는 것이 가장 효과적이라고 합니다.

2. 예습 지도

예습은 학습의 능률을 높이는데 매우 큰 도움이 됩니다. 그 이유는 다음에 학습할 내용을 미리 검토해 봄으로써 학습에 대한 흥미가 생기고 의욕적으로 학습에 임하게 되기 때문입니다. 특히 다음에 배울 내용이 이해가 되었는지 안 되었는지를 스스로 알 수 있으며, 이 때 이해하기 어려운 점이 있다면 그 부분에 대한 선생님의 설명을 잘 들으려고 애쓴다든지 선생님께 질문을 할 것입니다. 그뿐 아니라, 예습을 하면 안정된 기분으로 자신을 가지고 학습에 임하게 됩니다. 예를 들어, 미리 국어책 읽기 연습을 해 가면 읽는데 자신을 가지고 수업에 임하게 됩니다. 한 마디로 예습을 하면 적극적으로 학습에 임하게 되기 때문에 능률이 부쩍 오를 수 있습니다.

예습을 시키는 방법

그러면 어떻게 예습을 시켜야 할까요?

예습이라고 해서 크게 어렵게 생각할 필요는 없습니다. 지나치게 자세히 할 필요 없이 배울 내용을 대충 한 번 훑어보는 정도면 되겠습니다. 물론 학년에 따라 조금씩 다르겠지만, 과목별로 예습하는 방법을 간략히 소개해 보겠습니다.

국어 과목은 배울 내용을 읽어 보고 뜻을 모르는 곳을 표시해

두며, 대강의 줄거리를 생각해 두는 정도로 하면 되겠습니다.

수학은 다음 단원에서 무엇을 배우게 되는가 하는 것을 한 번 보아 두면 됩니다. 다음에 배울 법칙 따위는 특별히 자세히 알아 두지 않아도 됩니다.

사회는 배울 내용을 읽어 보고 거기에 나오는 장소는 지도에서 꼭 확인해 둘 필요가 있습니다. 지도를 보아 두면 교과서의 줄거리나 선생님의 이야기가 보다 확실히 이해될 수 있지만, 지도를 보지 않고 덮어놓고 기억만 하면 자기 공부가 되지 않기 때문입니다.

특히 사회 과목의 경우 배울 내용과 관련되는 현장에 부모와 같이 직접 가 본다면 훌륭한 공부가 됩니다. 예컨대 다음 시간의 학습 내용이 '우체국'이라면 실제로 우체국에 데리고 가서 일하는 모습을 보여 주고, '수산업'에 관하여 배울 것이라면 가까운 어시장을 구경시킬 수 있을 것입니다. 또 틈틈이 왕릉이나 고적지에 데리고 가서 역사적인 이야기를 들려 주면 사회과 학습에 좋은 진전을 가져올 것입니다.

자연 과목은 실험 방법을 읽어 두고 다음에 쓸 실험 도구 등을 준비하도록 하면 되겠습니다.

그런데 예습을 지도하는데 있어서 전체적으로 유의해야 할 것이 있습니다. 예습에서 오는 자신감이 수업 태도를 태만하게 만들 수도 있다는 점입니다. 이를테면 예습을 했다고 해서 자기는 다 알고 있다고 안심해 버리거나, 더 이상 연구해 보려는 마음이 없어질 수도 있습니다. 때문에 수학 공식 같은 것은 한 번 읽어 가게만 하고 공식을 미리 암기해 가는 일이 없도록 하는 것이 좋습니다.

3. 복습 지도

'효과적인 학습 방법'에 대한 설명에서도 이야기한 바 있지만, 한 번 학습한 것은 되풀이해서 반복하는 것이 학습 능률을 올리는데 좋습니다.

프렛시(pressey)와 로빈슨(Robinson)이라는 학자는 여러 과목에 대해서 학습이 끝난 뒤의 망각의 속도를 조사하였습니다. 그 결과에 의하면, 처음에는 급속한 망각을 보여주고, 다음에는 점차 완만한 경향을 보인다고 합니다. 이와 같은 연구 결과는 과연 무엇을 의미하는 것일까요? 이는 학습을 한 후 어느 시기에 복습을 하는 것이 가장 효과적인가에 대한 해답을 주는 것이라고 할 수 있습니다. 즉, 이 연구 결과에 의하면 처음에 망각이 심하다는 것이 나타나기 때문에 학습 직후에 복습하는 것이 가장 효과적이라는 시사를 얻을 수 있습니다. 그 때문에 "그 날 배운 것은 그 날 복습하는 것이 가장 효과적이다."라는 말이 나온 듯합니다.

복습을 시키는 방법

복습하는 방법에는 여러 가지가 있어서 방법에 따라 그것이 효과적일 수도 있고, 그렇지 않을 수도 있습니다. 따라서 복습을 하더라도 어떤 방법을 취하면 효과적이겠는가를 잘 생각해 볼 필요가 있습니다. 구구단을 외운다면 되풀이해서 복습하는 것이 좋을 것입니다. 또 한자를 익힐 때에는 배운 한자를 되풀이해서 여러번 써 본 다음 이를 자주 사용하는 것이 좋을 것입니다. 외국어의 경우는 한 단어를 50번 이상

보아야 자기 지식으로 영원히 보존할 수 있다고 합니다.

그러나 배운 내용에 따라서는 되풀이해서 하는 것 외에 배운 내용을 보다 발전시키는 방향으로 복습하는 방법도 있습니다. 예를 들어 더하기·빼기·곱하기·나누기에 대한 계산법을 배웠을 때에는 이들 계산법에 대한 문제를 여러 개 풀어 보는 것도 중요하지만, 가정에서 어린이에게 물건을 사 오라고 심부름을 시키고 이 심부름에서 물건 값을 치르게 함으로써 보다 어려운 계산법도 익히게 할 수 있습니다. 또 자연 시간에 배운 식물을 어린이와 함께 교외에 나가 직접 찾아보고 관찰하게 하는 방법도 있으며, 국어과에서 글의 종류에 대하여 배웠다면 이를 완전히 익혀서 작문을 해 보게 하는 방법도 있습니다.

한편, 복습의 분량에 있어서도 한꺼번에 전부 학습하는 것이 효과적일 수 있고, 혹은 적당하게 분량을 나누어서 학습하는 것이 더 효과적일 수도 있습니다. 그런데 대체로는 한꺼번에 전부 학습하는 것이 효과적이라고 합니다. 단, 연습의 초기라든지 특별히 어렵거나 자세히 다루어야 할 부분이 있으면 적당하게 분량을 나누어서 복습하는 것이 더 효과적이라고 합니다.

Ⅳ. 실제 학습지도는 어떻게 해야 하나

만일 한 어린이가 공부를 잘 하지 못한다면 사람들은 그가 머리가 좋지 못해서 그렇다고 하거나, 또는 머리는 좋은데 공부를 열심히 안 해서 그렇다고 말합니다. 이렇듯 한 어린이를 두고도 보는 사람마다 그 학습 부진의 원인을 다르게 규정합니다. 학습 부진의 원인은 단순한 것이 아니고, 여러 원인이 서로 복합적으로 얽혀서 발생하는 것입니다.

여기서 학습부진의 원인에 대하여 살펴보면 다음과 같습니다. 학습부진의 첫째 원인으로 신체적 결함에 의한 부진을 들 수 있습니다. 눈이 나쁘다거나 귀가 잘 들리지 않는다거나 신체적으로 무척 허약하다면 학습에 큰 지장을 받게 된다는 것입니다. 그러므로 눈이 나쁘다거나 귀가 잘 들리지 않는다면 담임선생님과 상의하여 앞좌석에 앉혀야 할 것이고, 신체적으로 허약하다면 우선 영양 관리를 철저히 하여 공부할 수 있는 신체 조건을 갖추어야 할 것입니다. 특히 신체적 결함은 미미하여 점차 조금씩 변화를 나타내기 때문에 눈에 띄지 않고 몇 년이 지나 학업 성적이 떨어져서야 발견되는 경우가 많습니다. 따라서 정기적으로 신체 및 건강 진단을 받아 볼 필요가 있습니다.

또한 환경이 좋지 않아서 학업 부진이 발생하는 경우도 있습니다. 이를테면 가정환경이 경제적으로 매우 좋지 않다든지, 혹은 심리적으로 안정되어 있지 않다면 자연히 공부가 부진해지게 됩니다.

그 밖에도 지능이 나쁘다거나 각 교과에 관한 기초 능력이 부족해서 학교 성적이 떨어질 수도 있고, 학습 습관이 나쁘다거나 성격이나 정서적 결함이 있어서 공부를 못 하는 경우도 있습니다.

이제 이 여러 가지 학습 부진의 원인들을 보다 상세히 살펴보면서 그에 대한 지도 방법을 알아보겠습니다.

1. 공부에 취미가 없는 어린이

초등학교 고학년이 되어 어느 정도 공부에 익숙해지면 대부분의 어린이는 곧잘 공부를 하게 됩니다. 그런데 특별한 원인도 없이 공부하기 싫어하고 공부에 취미를 붙이지 못하는 어린이가 있습니다. 이런 어린이들을 살펴보면 저학년 때 잘 모르는 부분이 있었는데도 그것을 그냥 넘어가 버려서 지금 배우는 내용을 이해할 수 없기 때문에 공부에 취미를 붙이지 못하는 경우가 많습니다.

학습에 관한 전문 용어로 '학습 준비도'라는 말이 있습니다. 덧셈을 모르는 어린이에게 곱셈을 가르칠 수 없고, 글을 제대로 읽지 못하는 어린이에게 글을 읽고 느낀 점을 이야기하라고 할 수 없듯이, 어떤 학습을 하려면 우선 그 학습을 할 수 있는 기초가 되어 있어야 한다는 것을 뜻하는 말입니다. 학습을 잘 하기 위해서는 학습을 할 수 있는 준비가 되어 있어야 합니다.

현재의 학과 수준을 점검해 본다

따라서 댁의 자녀가 특별한 이유도 없이 공부에 취미를 붙이지 못하고 점점 성적이 떨어진다면, 학과 수준이 현재 어느 정도인지를 점검해 볼 필요가 있습니다. 그리하여 현재 처해 있는 수준에서부터 학습 부진을 만회하도록 해야 합니다. 상당수의 학생들은 학원 등에서 선행학습을 받았기 때문에 공부를 안 하는 경우도 있습니다.

만일 4학년 어린이가 2학년 정도의 실력을 갖추고 있다면 이 어린이에게 4학년 것을 아무리 열심히 가르쳐 주어 봐야 별 소용이 없습니다. 이런 경우에는 학습지도에 많은 시간이 걸린다 하더라도 2학년 학과목으로 돌아가 학습시키는 것이 좋습니다. 그래야만 학습에 효과를 얻을 수 있습니다.

그런데 이 때 한 가지 주의해야 할 점은 바로 어머니 자신이 너무 조급해하지 말라는 것입니다. 자기 자녀가 기초 실력이 없다면 십중팔구는 매우 조급한 마음으로 아이를 다그칠 것입니다. 부모가 보기에는 너무 쉬운 것을, 아무리 설명해 주어도 자녀가 못 알아듣는 경우를 당하면 누구라도 마음이 조급해져서 한 번 쥐어박아 주고 싶은 심정이 될 것입니다. 대개의 경우, "이것도 몰라? 이걸 모르면 어떡하니? 너는 이렇게 쉬운 것도 모르니? 이 다음에 좋은 학교 가기는 다 틀렸다."라고 말하기 쉽습니다.

하지만 이런 방식으로 공부하라고 다그치면 오히려 공부를 기피하게 될 우려가 있습니다. 이런 말과 행동은 될 수 있는 대로 참아야 합니다. 모르기 때문에 공부하는 것이 아닙니까? 절대로 화내지 않기로 마음속으로 굳게 다짐하고,

그런 경우에는 이러한 방법을 적용해 보시기 바랍니다.

우선 부모님이 아무리 설명을 하여도 자녀가 알아듣지 못한다면 부모님의 설명에 무언가 부족함이 있어서 아이가 이해를 못 하는지도 모른다고 생각을 한 번 해 보십시오. 그렇게 생각하면 아이를 더 이상 꾸짖을 마음이 생기지 않을 것입니다. 그러고는 설명을 하다가, "가만 있어 보아라. 내 설명이 부족한 모양이구나. 그러니까……."하고 생각을 하고 있으면 그 동안 어린이도 엄마와 함께 생각하게 되고, 잠시 후 어떠한 해결점을 찾을 수 있게 됩니다. 그뿐 아니라, 어린이 자신에게도 이리저리 머리를 써서 사고하는 습관을 키울 수 있어서 매우 좋습니다.

이렇게 지도해 나가면 아마 자녀의 학력이 눈에 띄게 달라질 것입니다.

2. 학습 습관이 나쁜 어린이

지금 막 공부를 시작하려는 초등학교 4학년 어린이가 있습니다. 그는 공부하라는 엄마의 성화에 못 이겨 책상에 앉았습니다. 우선 책을 꺼내 놓고 연필을 깎고는 공부를 시작합니다. 그런데 갑자기 수첩을 정리해 두지 않은 것이 생각나서 그것을 정리하고는 다시 책을 펴 들었습니다. 조금 있으니 허리가 아픈 것 같아서 방바닥에 엎드려 공부하였습니다. 그러다가 참고서를 가지러 다시 책상에 갔다 와서 공부를 계속했습니다. 그런데 자기도 모르는 사이에 잠이 들어 버렸고, 간식을 가지고 들어온 엄마에게 발견되어 깨어났습니다.

이 어린이의 학습 태도는 어떻다고 할 수 있을까요? 물론 바람직하지 못하다고 하겠습니다. 이 어린이는 이런 식으로 아무리 10시간을 공부한다고 해도 효과면에서는 1시간을 공부한 것보다도 못합니다. 왜냐하면 그만큼 좋지 않은 태도로 학습을 했기 때문입니다.

대개 공부를 못 하는 아이들의 공통적인 특징은 학습 습관이 나쁜 것이라고 합니다. 그런데 대부분의 부모들은 자녀에게 무조건 공부하라고만 하고 공부 잘 하기를 기대하기만 할 뿐, 기본적으로 익혀야 할 학습 습관에 관심을 가지고 지도하지 않는 것 같습니다.

학습 습관이 나쁜 어린이들은 공부할 때 주의를 집중하지 못합니다. 즉, 공부를 정한 시간이나 장소에서 하지 못하고 공부를 시작하기까지 또는 열중하기까지에는 시간이 꽤 걸리며 공부하고 있을 때 자꾸 다른 생각이 머리에 떠오릅니다.

그뿐 아니라, 공부 시간이나 방법을 유용하게 이용하지 못합니다. 예를 들어, '학습 계획표'를 짜 놓고도 예정된 시간에 예정된 분량의 학습을 하지 못하며, 또 책을 읽을 때 요점을 파악하지 못하여 중요한 것을 빼 놓고 정리하기도 합니다.

이 글을 읽으시는 어머님 자녀의 학습 태도가 위에서 이야기한 것들과 비슷하다면, 어머님의 자녀는 학습 습관이 나쁘다고 할 수 있겠습니다. 그리고 이것이 자녀가 공부를 보다 잘 할 수 있는 기회를 막는 원인이라 하겠습니다.

그렇다면 학습 습관이 나쁜 어린이는 어떻게 지도해야 할까요? 이를 지도하는 일은 쉬운 일이 아니며, 꾸준한 노력과 어느 정도의 시간을 필요로 합니다. 왜냐하면 습관이란 짧은 시간에 바로잡기가 힘들기 때문입니다.

자녀의 나쁜 학습 습관을 고쳐 주기 위해서는 부모가 좀 힘이 들더라도 자녀 옆에서 자녀가 학습하는 모습을 주의 깊게 관찰해 보아야 합니다. 며칠 그렇게 하면, 아마 자녀의 학습 습관에 어디가 문제가 있는지 알 수 있을 것입니다. 그러고 나서 이 습관이 생기게 된 원인이 무엇인지 여러 면에서 생각해 보는 것이 좋습니다. 성격의 영향으로 학습 습관이 나빠질 수도 있고, 공부에 흥미를 느끼지 못하여 그럴 수도 있으며, 학습 방법을 몰라서 나쁜 습관이 몸에 밸 수도 있습니다. 그러므로 이러한 원인들을 정확하게 발견하여 이를 제거해 줌과 동시에 올바른 습관을 기르는 훈련을 반복해야 합니다.

습관 훈련을 할 때에는 가능한 한 어떤 예외도 인정하지 말아야 합니다. 예정 시간이 오면 곧 공부를 시작하도록 하고, 정해진 시간 내에 예정된 양의 공부를 끝내도록 노력해야 합니다.

그런데 이 때 노는 시간을 공부에 너무 빼앗기지 않도록 하는 것이 중요합니다. 단번에 습관을 고치겠다는 욕심으로 휴식 시간도 거의 주지 않으면서 공부를 강요하면 오히려 점점 공부하기가 싫어질 것이기 때문입니다.

주의 집중력을 키워 주려면

그러면 학습할 때 특히 주의 집중력이 부족한 어린이의 경우, 그 습관을 어떻게 고쳐야 하는지에 대하여 알아보기로 하겠습니다.

외관상으로 보아서 어린이가 책상 앞에 움직이지 않고 가만히 앉아 있다고 해서 학습에 주의를 집중하고 있다고 단언할 수는 없습니다. 그러면서도 머릿속으로는 다른 생각을 할 수도 있기 때문입니다. 주의 집중의 여부를 알기 위해서는 아이의 눈동자를 유심히 살펴보아야 합니다. 학교 선생님들의 말씀에 의하면, 수업 중에도 어느 어린이가 주의 집중을 게을리하고 있는지의 여부는 쉽게 식별이 된다고 합니다. 주의 집중을 하고 있는 어린이는 시종일관 빛나는 눈동자로 교사와 시선을 마주치는 반면, 그렇지 않은 어린이는 비록 교사를 바라보고 있어도 그 눈동자에서는 빛이 나지 않는다고 합니다.

주의 집중력을 키워 주기 위해서는 처음부터 아주 짧은 시간이라도 좋으니 전심전력으로 주의 집중을 하게 해야 합니다. 이 때 학습 내용은 어려운 것이어서는 안됩니다. 아주 쉽고도 흥미 있는 내용이어야 합니다. 왜냐하면 어려운 내용의 학습에는 주의 집중을 하는 것이 그만큼 힘들기 때문입니다.

우선 아이가 눈치 채지 못하게 어머니가 학습 내용을 미리 읽어놓도록 하십시오. 그리고는 아이에게 주의 집중을 해서 학습하도록 합니다. 이 때 어느 정도 시간이 경과되어 어린이가 주의를 집중하기 어려운 상태가 되면 미련 없이 학습을 중단시키는 것이 좋습니다. 그리고 학습한 내용에 대하여 몇 가지 질문을 함으로써 어린이의 주의 집중 정도를 테스트해 보는 것입니다.

이런 방법으로 처음에는 5분에서 다음 날에는 10분, 그 다음 날에는 15분, 이렇게 시간을 늘려 가면서 1개월 내지 2개월 계속하면 주의 집중력이 눈에 띄게 향상될 것입니다.

만일 자녀가 아직 어린데도 주의 집중 훈련을 시키고자 한다면, 재미있는 동화책을 이용하여 위와 같은 방법으로 지도하는 것이 효과적입니다. 나이가 더 어린 아이들에게는 종이 오려 붙이기나 종이접기 등 손을 이용하는 놀이를, 그리고 큰 아이들에게는 바둑을 두는 취미 활동 등을 통하여 주의력을 집중하는 습관을 길러 줄 수도 있습니다.

3. 성격상 공부에 지장이 있는 어린이

어느 날, 초등학교 3학년에 다니는 남자 어린이를 둔 어머니가 필자를 찾아왔습니다. 그 어머니는,

"우리 아이의 성적이 좀처럼 오르지 않습니다. 공부를 열심히 하기는 하는 것 같은데, 시험 성적은 전혀 좋아지지를 않는군요."

하면서 말문을 열었습니다. 그리고 더욱 안타까운 일은, 시험 전날 가르쳐 줄 때는 알았던 것을 시험에서는 틀려 가지고 돌아온다는 것이었습니다.

이번 시험에서도 마찬가지여서 필자를 찾아오기 전에 담임선생님을 만나 뵙고 왔는데, 그 선생님이 말씀하시기를,

"영철이는 수업 시간에 내가 아이들에게 질문했을 때 가장 먼저 손을 듭니다. 그래서 지명해 보면 대개 그 답은 틀리고 있어요. 또 국어 시간에 쓰기 연습을 시키면 가장 먼저 끝마치는데, 검사해 보면 맞춤법이 많이 틀리고 있어요."
라고 했다는 것입니다.

그래서 필자는 그 어린이의 가정에서의 학습과 일상생활 태도에 대하여 물어 보았습니다. 이에 대한 어머니의 답변은, 가만히 숙제하는 것을 옆에서 지켜보면 문제를 끝까지 정확히 읽지 않아서 틀리는 경우가 많다는 것이었습니다. 또 집에서 무슨 일을 시키면 대충 해 버리는 성격이어서 전반적으로 생활에서 덤벙대고 촐랑대는 성향이 짙다고 하였습니다.

결국 시험 답안지의 검토, 어머니, 그리고 어린이와의 오랜 상담 끝에 필자는 그 어린이가 성격상으로 공부에 지장이 있는 것으로 판단하고 성격 교정을 통하여 점차 학습에 성과가 있도록 지도했습니다.

성격이 학습에 영향을 미친다

지금까지 많은 학자들에 의해서 성격이 학습에 영향을 미친다는 사실이 밝혀졌습니다. 다시 말해서 우리 두뇌의 작용이 성격의 영향을 받는다는 것입니다. 여기서 부모님들의 보다 확실한 이해를 돕고자 학자들의 연구 몇 가지를 소개해 보면 다음과 같습니다.

힐드레스(Hildreth)라는 학자에 의하면, 머리가 우수한 어린이는 역경을 이겨 내고 자진해서 스스로 일을 하는 등의 좋은 성격이 많고, 반대로 머리가 우수하지 못한 아이는 좋지 않은 성격이 많다고 합니다.

한편, 케이건(Kagan)이라는 학자는 실험을 통하여 충동형 아이의 사고 특징을 밝혀냈습니다. 그에 의하면, 어린이에게 어떤 문제를 주고 해결하게 할 경우, 충동형의 아이는 '어떻게 하면 좋을까?'하고 그 문제를 차분히 검토도 하지 않고 경솔하게 답을 하는 경향이 있다고 합니다. 즉, 충동형의 아이는 문제를 세밀하게 분석하는 태도가 없으며, 문제에 답하는 시간이 비교적 짧다고 합니다. 때문에 충동형 어린이의 답에는 틀린 답이 많습니다.

그 외에도 많은 학자들의 연구에 의하면 불안에 빠지기 쉬운 성격, 기분이 변하기 쉬운 성격, 스트레스에 민감한 성격 등 모두가 두뇌 활동에 좋지 않은 영향을 미친다고 합니다. 한 예로, 시험 불안이 강한 아이는 시험 중 두뇌 활동이 좋지 못하여 결과적으로 시험 성적이 나쁩니다.

그러므로 만일 자녀의 학업 부진 원인이 성격에 있다고 판단되면, 우선 그 원인이 되는 성격을 고쳐 주는 일에 집중해야 합니다. 예를 들어, 아이가 덤벙대고 출랑대는 성격 때문에 문제를 풀 때 제대로 보지 않고 풀어서 시험 성적이 나쁘다면 우선 침착성을 길러 주도록 하십시오. 이런 아이들의 학습을 지도할 때는 아이가 먼저 "아, 나 그거 알겠어." 하고 말했을 경우, "그럼 한 번 풀어 보렴." 하고 시켜서 답이 틀렸다면 즉시 그 자리에서 지적해 주어 차분히 끝까지 살펴보아야 한다는 것을 깨닫게 해야 합니다. 그리고 언제나 질문을 받았을 때는 대답하기에 앞서 깊이 생각하는 습관을 가지도록 해 주어야 합니다. 그 외에도 가정에서 매사에 차근차근 임하도록 하고, 온 가족이 모여 문제를 끝까지 듣지 않고는 알아맞힐 수 없는 수수께끼놀이를 하는 것도 좋습니다.

한편, 심한 정서 불안정으로 수업 중에 한눈을 팔고 친구에게 이야기를 걸며, 시험을 치를 때에는 불안한 마음에서 문제를 제대로 읽지 못하여 자기의 실력을 발휘하지 못하는 어린이도 있습니다. 이런 어린이에게는 무엇보다도 정서적으로 안정을 되찾도록 해 주어야 합니다.

그런데 여기서 한 가지 유념해야 할 일은, 필자의 경험으로는, 이런 아이들을 상담해 보면 대부분 아이의 정서 불안정이 부모의 성격에서 기인하였음을 알 수 있었습니다. 따라서 자녀가 정서적으로 불안하다면 우선 어머니나 아버지가 자녀에게 정서 불안정이 나타나도록 하지는 않았는지 반성해 보시기 바랍니다. 예를 들어, 어머니 자신, 아버지 자신이 신경질적이고 초조해하는 성격은 아닌지, 혹은 어머니, 아버지의 사이가 좋지 않거나 가정 분위기가 불안정하지는 않은지 생각해 보십시오. 그래야만 자녀의 정서 불안정을 없앨 수 있고, 결과적으로 학습 성과도 높일 수 있을 것입니다.

4. 스스로 공부하지 않는 어린이

우리나라의 가정에서 부모와 자녀 사이의 대화로 가장 많이 하게 되는 말 가운데 하나가 공부하라는 말임을 얼마 전 어느 조사결과에서 읽은 기억이 납니다. 사실 대부분의 가정에서 어머니는 자녀를 보기만 하면 그저 공부하라는 말만 할 뿐입니다. 어떤 아이들은 습관이 되어 이 말을 들어야만 공부하는 어린이도 있습니다. 바꿔 말해서 스스로 공부하지 않는 어린이가 많다는 것입니다.

많은 부모들은 자녀가 공부하라는 말을 듣지 않고도 스스로 공부할 수 있기를 바랄 것입니다. 그러면 어떻게 해야 어린이가 자기 스스로 공부를 하게 될까요?

학습하려는 마음을 일으키게 한다

자발적으로 공부하게 하는 가장 효과적인 방법은 학습자 스스로 공부하려는 마음을 일으키게 하는 것입니다. '알고 싶다', '해 보고 싶다'는 마음이 들도록 하는 것입니다. 다시 말하여 학습 동기를 불러일으켜야 한다는 것입니다.

학습 동기를 유발시키려면 우선 학습에 대한 흥미가 있어야 합니다. 우리 어른들도 좋아하고 하고 싶어 하는 일에 더 열중하지 않습니까? 어린이도 예외는 아닙니다. 흥미가 있어야 스스로 공부할 수 있는 것입니다. 억지로 마지못해서 하는 공부는 일시적인 효과는 있을지 모르지만, 큰 효과를 얻지는 못합니다.

어린이에게 학습에 흥미를 갖게 하려면 스스로 문제를 해결할 수 있는 기회를 주는 것이 좋습니다. 누구든지 자기 힘으로 문제를 해결하거나 새로운 것을 발견했을 때의 기쁨은 대단히 큰 것이며, 이 경험이 흥미를 가지고 자발적으로 다음 학습을 할 수 있게 하는 원천이 되기 때문입니다. 이 때 중요한 것은 숙제 외에도 어머니가 교과서를 살펴보아 어린이 스스로 할 수 있다고 생각되는 과제, 참고서에 나오는 문제, 퀴즈 문제 등을 주되, '쉬운 것에서부터 어려운 것으로' 할 수 있도록 문제를 주는 것입니다. 그래야만 아이들이 좌절하지 않고 지속적으로 학습에 흥미를 느낄 수 있게 됩니다.

또한 어린이에게 학습 동기를 심어 주는 좋은 방법은 상·벌을 적절히 이용하되 특히 칭찬과 격려를 많이 해 주는 일입니다. 어린이 스스로 공부하는 모습을 보았을 때는 격려해 주십시오. 시험 성적이 좋을 때에는 칭찬해 주며, 특히 시험 성적이 나쁠 때에도 너무 심하게 꾸짖지 말고 앞으로 잘 할 수 있을 것이라고 용기를 북돋워 주며 격려해 주는 것이 좋습니다.

그런데 여기서 칭찬을 할 경우, 그 방법으로써 금전이나 물품을 이용하는 조건부의 칭찬 방법은 과히 좋지 않습니다.

"너 이번에 시험 잘 보면 아주 멋진 신발 사 줄게."

"숙제 빨리 마치면 용돈 많이 줄게."

라는 말을 서슴없이 하는 부모들이 많습니다. 물론 이 같은 약속이 있으면 어린이들이 그 당시에는 보다 열심히 공부할지도 모릅니다. 그러나 그것은 신발을 가지고 싶고 용돈을 받고 싶어서 하는 공부지 공부 본래의 기쁨을 맛보게 해 주는 공부는 아닙니다. 또 앞으로도 계속 그러한 보상이 부여되어야만 공부하게 되고, 점차 걷잡을 수 없이 큰 보상을 요구하게 될 것입니다. 더욱 나쁜 점은 그러는 동안 어린이는 자발적으로 공부하려는 마음을 기를 수가 없게 된다는 것입니다. 그러므로 이런 방법은 될 수 있는 대로 사용하지 않는 것이 좋습니다.

학습을 위한 참고 자료는 구비되어 있나

아이로 하여금 스스로 공부하게 하기 위한 또 하나의 중요한 일은 학습하는 방법을 가르쳐 주는 것입니다. 학습하는 방법을 모르면 혼자서 해결할 수 있는 것도 남에게 의존하게 되고, 그러다 보면 혼자 공부하기 싫어질 수도 있습니다. 하지만 학습하는 방법을 알고 있는 아이는 자기 혼자서도 곧잘 공부를 해 갑니다.

학습방법에 대해서는 앞에서 자세히 살펴보았기 때문에 여기서는 더 이상 언급하지 않겠습니다. 다만 한 가지 강조하고 싶은 것은, 자기가 할 수 있는 학습 분야는 우선 자신의 힘으로 해결할 수 있도록 하라는 것입니다. 자기가 혼자서 할 수 있는 학습이란, 이를테면 국어 과목에서 어려운 낱말의 뜻을 찾고 문장의 줄거리를 적어 본다든지, 수학 과목에서 배운 공식을 암기하고 문제집을 풀어 본다든지, 사회 과목에서 주요 산업을 조사한다든지, 연표에 의해서 시대를 조사하는 것 등을 말합니다.

그런데 만일 우리나라에서 석탄이 많이 매장되어 있는 지역을 조사해야 하는데 집에 산업 지도 하나 없다고 생각해 봅시다. 악어의 생태에 대하여 공부해야 하는데 동물도감이 없다고 생각해 봅시다. 이런 경우에는 분명히 어린이 혼자서 학습하기를 기대할 수 없을 것입니다. 십중팔구는 부모나 다른 사람에게 의존하게 되고, 이것이 습관화되면 혼자서 학습하려는 의욕이 없어지게 됩니다.

하지만 백과사전이나 여러 가지 도감류, 각종 사전, 참고서 등이 있다면 이를 이용하여 자기 혼자서도 문제를 해결해

나갈 수 있습니다. 따라서 경제 사정이 허락하는 범위 내에서 이 같은 학습 참고 자료를 준비해 주는 것이 좋습니다.

물론 학습 참고 자료를 구입했을 때는 그 이용 방법을 자녀에게 가르쳐 주어 필요할 때마다 수시로 이용하는 습관을 갖게 해야 합니다. 이를테면 어떠한 말에 관한 것은 국어사전을 찾도록 하고, 동식물에 관한 것은 동물도감이나 식물도감을 보며, 모르는 사항이 있으면 백과사전을 참고하도록 하는 등 그 이용 방법을 상세히 알려 주어야 합니다. 이렇게 해서 혼자 학습하는 방법을 배우고 차차 자신감을 갖게 되면 자연히 스스로 공부하게 될 것입니다.

5. 어머니가 직장을 가지고 있는 어린이

요즈음은 어머니가 직장을 가진 가정이 늘어나고 있습니다. 어머니가 직장을 가져서 하루 종일 집을 비우게 되면 여러 면에서 자녀 교육에 좋지 않은 영향을 미친다는 것은 많은 학자들에 의해서 강조된 바 있습니다. 물론 학습에 있어서도 마찬가지입니다. 따라서 직장에 다니는 어머니들에게는 어떻게 하면 보다 더 자녀의 학습지도를 잘 할 수 있을까 하는 것이 공통 관심사라 생각됩니다.

부부가 공동으로 깊은 관심을 가지고 지도한다

어머니가 직장에 나가는 경우 가장 염려스러운 것은 낮에 어머니가 집에 없다는 공허감에서 오는 정서적인 문제가 학습에 영향을 미치는 것입니다. 아이들은 누구든지 집에 들어서면서

부터 어머니를 찾고 어머니의 따뜻한 사랑을 기대하게 마련입니다. 그 날 학교에서 있었던 일을 어머니에게 이야기하고 먹고 싶은 것도 만들어 달라고 하는 등, 자기가 찾을 때 언제나 어머니가 집에 있기를 기대합니다. 그런데 어머니가 없으면 맥이 빠지고 집에 있기 싫으며 숙제하는 것도 잊은 채 밖에 나가 전자오락실 등에서 놀다가 저녁 늦게야 돌아오게 됩니다.

따라서 이러한 경우에 자녀로 하여금 비록 떨어져 있어도 '엄마는 언제나 나를 생각하고 있다.'라는 느낌을 갖도록 하는 것이 무엇보다 중요합니다. 직장일에 방해되지 않는 범위에서 자녀가 학교에서 돌아오는 시간에 맞추어 자녀에게 전화를 하는 것도 그러한 방법 중의 하나라고 하겠습니다.

특히 연락장을 이용하여 자녀에게 편지를 쓰는 방법도 아주 좋습니다. 이를테면 전날 밤이나 출근하기 전에 자녀가 그 날 해야 할 일을 아래와 같이 편지로 써 놓는 것입니다.

사랑하는 철이에게
1. 오늘 학교에서 돌아오면 숙제 마치고 난 후, 동물도감 ○쪽을 읽으면 엄마는 매우 기쁘겠다.
2. 어제 네가 틀렸던 수학 문제와 비슷한 것이 문제집 ○쪽에 있으니 이것을 풀면 좋겠다.
3. 간식은 부엌 ○번째 찬장에 있으니 꺼내 먹도록 해라.

이렇게 하면 자녀는 학교에 다녀와서 그 내용대로 즐겁게 실천할 것입니다. 그리고 어머니는 저녁 식사 후 잠깐이라도 그 날 아이가 공부한 것을 꼭 점검하며 지도해야 합니다. 이 때 보충 학습을 해야 할 형편이라면 다음 날 아이가 학교에서 돌아와 할 수 있도록 연습문제를 내 놓거나 참고해야 할 자료를 제시하는 내용이 담긴 편지를 또 써 놓도록 합니다. 이런 방법을 이용하면 아이는 어머니가 언제나 자기에게 관심을 가지고 있다는 것을 느끼게 되어 공부를 소홀히 할 수 없을 것입니다.

그리고 어머니가 직장에 다닐 경우, 엄마의 역할을 어느 정도 대신할 수 있는 가족이나 친척이 집에 있다면 자녀에게 큰 도움이 되겠습니다.

한편, 자녀가 둘이나 그 이상이라면 맏이에게 동생의 학습을 도와주도록 권유하는 것도 좋습니다. 큰아이가 초등학교 5학년이고 작은아이가 1학년이라면, 형제가 같이 공부하면서 큰아이가 동생을 어느 정도는 도와 줄 수 있다고 생각합니다. 특히 어머니가 맏아이를 잘 지도해 왔다면 형이 동생에게 보다 좋은 영향을 줄 것입니다.

또한 어머니가 직장 다니는 것을 감안하여 아버지가 자녀의 학습지도를 도와 줄 필요가 있습니다. 흔히들 우리 사회에서는 자녀 교육을 어머니가 도맡아서 하는 것으로 잘못 인식하고 있는데, 아버지가 아무리 바쁘고 다른 역할이 많이 있다 하더라도 자녀 교육에 무관심하면 그만큼 자녀에게 좋은 영향을 미칠 수 없습니다. 어머니가 직장을 가지고 있는 가정의 경우는 더욱 그러합니다. 자녀의 학습이 향상되기를 원한다면 부부가 서로 합심해서 지도해야 할 것입니다. 여기 한 가지 방법을 소개하겠습니다.

아버지와 어머니가 서로 자신 있다고 생각하는 과목을 맡아서 가르치는 것입니다. 그래서 언제든지 아이가 공부하다가 모르는 것이 있을 때 그 과목을 맡은 부모에게 가서 물으면 곧바로 지도해주는 것입니다. 특히 이 방법은 아버지, 어머니가 각자 맡은 과목에 대한 책임 의식을 가지고 지도하기 때문에 그만큼 좋은 성과를 올릴 수 있고, 그 결과에 대하여 무조건 어린이를 추궁하지 않아서 좋습니다.

그런데 직장 다니는 어머니가 또 하나 관심을 가져야 할 일은 다른 어머니보다도 자녀의 학습에 대해 학교와 긴밀한 유대 관계를 가지는 일입니다. 언제나 자녀 옆에서 돌보아 줄 수 없으므로 자녀의 학습에 있어서 무엇이 부족한지 충분히 파악하기 어려울 것이기 때문입니다. 물론 바쁜 직장 생활로 인하여 학교를 방문하기가 쉽지만은 않을 것입니다. 그러나 부득이한 경우라면 수업 시작 전 또는 방과 후에 전화를 통하여서라도 자녀의 담임선생님과 면담하는 것이 좋을 것입니다. 이 때 담임선생님께 어머니가 직장에 다니고 있음을 알린 다음, 가정에서의 보다 적극적인 지도가 필요할 경우에는 언제라도 연락해 달라고 부탁하는 것이 좋습니다.

결론적으로, 어머니가 직장에 다니기 때문에 자녀와 만나는 시간이 짧다 하더라도 밀도 높은 관심을 쏟는다면 자녀의 학습지도를 여느 부모 못지않게 잘 할 수 있다고 봅니다. 하루 종일 자녀 곁에서 "이거 해라, 저거 해라." 사사건건 간섭하며 지도한다고 해서 반드시 좋은 것만은 아닙니다. 오히려 하기에 따라서는 어머니가 직장에 나감으로써 자녀에게 일찍부터 독립심을 키워 주고 스스로 공부하는 습관을 붙이게 할 수도 있을 것입니다.

3 부

도서지도

Ⅰ. 독서는 왜 해야 하나

1. 독서의 필요성

사람들에게 왜 책을 읽느냐고 물어보면 그저 시간을 보내기 위해서, 사색을 하기 위하여, 좋은 글을 쓰는데 도움을 얻기 위하여, 또는 교양과 지식을 쌓기 위해서 책을 읽는다고 합니다.

이렇듯 사람들이 책을 읽는 데에는 각기 다른 여러 가지 이유가 있습니다.

그러면 여기서는 독서가 필요한 이유, 특히 어린이에게 독서는 어떠한 중요성을 지니고 있는지에 대하여 알아보기로 하겠습니다.

어린이에게 독서는 왜 필요한가

어린이에게 독서는 왜 필요한가 어린이들은 그들의 생활 속에서 많은 경험을 쌓으면서 성장·성숙해 갑니다. 특히 어린 시절에 쌓은 경험은 일생을 통하여 매우 중요한 영향을 미칩니다. 어린 시절 박물관, 미술관, 동식물원 등 여러 문화 시설을 견학하여 쌓은 경험이 그들의 인생을 좌우할 만큼 중요하게 작용합니다. 독서의 경험 또한 마찬가지라 하겠습니다.

독서가 어린이에게 영향을 미치는 가장 중요한 점은 직접 경험하지 못하는 많은 것들을 책을 통하여 간접 경험 할 수 있다는 것입니다. 책 속에서 어린이들은 우주의 세계를 연구하는 천운학자가 되기도 하고, 전쟁에서 위력을 발휘하는 장군이 되기도 하며, 아픈 사람들을 고쳐주는 훌륭한 의사가 되기도 합니다. 책을 통하여 자기가 가보지 못한 세계, 이를테면 다른 나라의 의·식·주와 생활 풍습, 문화, 가치관 등을 알고 이해하게 됩니다.

또한 독서는 어린이에게 풍부한 지식을 갖게 해 줍니다. 오늘날과 같은 정보화 시대에서 급격히 늘어나는 많은 지식들을 획득하려면 시간과 공간적으로 제한되어 있는 학교에서 가르쳐 주는 지식인으로는 부족합니다. 하지만 책을 읽게 되면 그때 그때 쏟아져 나오는 많은 새로운 지식들을 알 수 있을 뿐만 아니라, 모든 영역의 지식을 포괄적 또는 구체적으로 알 수 있습니다.

독서를 함으로써 어린이들은 책에 나오는 주인공들을 통하여 그들이 생각하고 행동하는 방식 등을 배우게 되기도 합니다. 예를 들어 <슈바이처>에서 슈바이처가 유럽에서의 좋은 환경을 버리고 찌는 듯한 아프리카 대륙으로 들어가 가난과 질병 속에서 허덕이는 사람들을 도와주는 깃을 읽은 어린이는 인류에 대한 사랑과 봉사 정신을 배우게 될 것입니다.

뿐만 아니라, 어린이들이 책을 많이 읽게 되면 무엇이 옳고 그른지를 분명히 판단할 수 있는 도덕성이 발달하게 됩니다. 어린이들이 읽는 책에는 정직, 근면, 협동, 효도 등 도덕적인 교훈이 많이 담겨져 있습니다. 이러한 책을 읽음으로써 어린이들은 자기가 옳지 못한 행동을 했을 때에는 그 결과가 자신이나 다른 사람에게 어떠한 영향을 줄 것이라는 것을 알고 반성할 수 있으므로 보다 도덕적인 행동을 하게 됩니다.

특히 어린이들에게 독서가 필요한 또 하나의 중요한 이유는 상상력이 발달한다는 것입니다. 어린이는 생각하며 생활하는 습관을 가져야 합니다. 현실적·비현실적인 모든 상황을 머리 속에서 그릴 수 있는 힘만이 새롭게 무엇인가를 창조할 수 있게 해 줍니다. 이러한 상상력을 길러 주는 데는 독서보다 더 좋은 방법이 없습니다.

또한 독서는 어린이에게 언어 감각을 고취시켜 표현 능력을 향상시킵니다. 책을 많이 읽는 어린이의 어휘나 문장 능력이 독서를 안 하는 어린이보다 우수할 것이라는 사실은 너무나 분명한 일입니다. 책을 많이 읽는 어린이가 말도 잘 하고 글도 잘 짓고 공부도 잘 하는 경향은 일반적인 현상입니다.

그 외에도 독서는 심리적 긴장을 풀어 주어 정서 안정을 갖게 해 줄 뿐만 아니라 유머 정신을 길러 주어 마음의 여유를 갖게 해 줍니다. 즉, 일상생활의 윤활유 역할을 해 주기도 합니다.

이상에서 살펴본 바 독서가 어린이의 성장 과정에 여러 가지 좋은 영향을 미치고 있다는 사실을 분명히 알 수 있습니다. 많은 어린이들과 대화를 나누다 보면 책을 많이 읽은 어린이와 그렇지 않은 어린이를 금방 알 수 있습니다. 창의력이 있고 상상력이 풍부하여 다양한 지식을 폭넓게 알고 무엇인가 여유가 있는 어린이는 책을 많이 읽었다고 판단하면 거의 틀림없습니다.

한 마디로 말해서 사람은 독서를 통하여 자기의 인격을

형성하는데 큰 길잡이를 발견할 수 있습니다. 그러므로 독서는 인간 생활에서 아주 중요한 구실을 하는 것입니다. 특히 한창 자라나고 있는 어린이에게는 매우 큰 영향 미치게 될 것입니다. 책을 많이 읽고, 기록을 많이 하는 학생들이 성공률이 높습니다.

2. 독서 습관은 어려서부터

책을 읽는다는 것이 우리 생활에 중요하고 또 보람이 있다는 것은 틀림없습니다. 그러나 책을 읽는 습관을 갖는다는 것은 그렇게 쉬운 일이 아닌 것 같습니다. 오늘날 우리는 책과 가까운 거리에 있으면서도 먼 거리에 있는 것이 우리의 생활이요, 현대인의 특징이 되고 있습니다. 많은 사람들에게 어느 정도 독서하고 있느냐고 질문하면 대개의 경우 독서를 거의 하고 있지 못하며, 그 이유는 '바쁘기 때문에 독서할 시간이 없어서'라고 대답합니다. 물론 현대인은 가정, 직장, 사회인의 다양한 역할을 하느라고 언제나 바쁘게 마련입니다. 직장과 사회에서 늦게까지 일을 하고 가정에 돌아오면 피로해서 독서할 수 없고, 어쩌다 일찍 들어오면 가족과 함께 텔레비전 앞에 앉아 있게 됩니다.

이처럼 오늘날의 생활은 사람들이 현실적으로 독서하기 어렵게 되어 있는 것이 사실입니다. 그러나 현대인들이 독서를 게을리 하는 가장 근본적인 이유는 대체로 독서가 생활화되어 있지 않은데 있는 것 같습니다. 다시 말해서 독서가 습관화되어 있지 않은데 있습니다.

어린 나이에 독서에 이끌리게 하자

일생에 걸쳐 독서하는 습관을 갖게 하는 가장 효과적인 방법의 하나는 되도록 어린 나이에 책과 가까이하여 독서하게끔 하는 것입니다. 세 살 버릇 여든까지 가듯, 독서 습관 또한 어렸을 때의 버릇이 일생 동안 가게 마련입니다.

어릴 때에는 무슨 습관이든지 몸에 빨리 배게 됩니다. 독서 습관도 마찬가지입니다. 성인이 되어서도 지속적으로 독서에 열중하는 사람들을 보면 대부분 어렸을 적 가정에 책이 유난히 많았다든지, 아니면 할아버지나 아버지, 어머니의 책 읽는 모습에서 영향을 받은 결과라는 것을 알 수 있습니다.

그런데 대부분의 부모님들은 다른 조기 교육은 시키려고 안달이면서 독서 교육은 등한시하고 있는 것 같습니다. 물론 어린 시절 다른 많은 조기 교육도 중요하지만 책을 가까이하게 하는 조기 교육 또한 매우 중요하다고 봅니다.

그러면 독서 습관을 어떻게 길들여 주어야 할까요? 독서 습관을 길러 준다고 해서 어떻게 해서든 책을 읽히려고 강제로 독서를 시키면 좋지 않은 형태의 독서 생활로 몰아넣는 결과를 가져오게 됩니다. 이 때 독서 습관은 아이들의 일상생활 속에서 무리가 없는 자연스러운 형태로 자리 잡게 해 주어야 합니다. 어린이의 생활 속에서 독서 생활만을 따로 끄집어내어서는 아무 효과가 없고, 독서 생활이 그들 일상생활의 일부가 되도록 해야 합니다.

일본에서는 어린이 독서 습관을 증진시키는 운동의 하나로 '모자 20분간 독서 운동'이 전개되어 현재 크게 확산되었다고 합니다. 이 방법은 어린이들이 부모가 듣고 있는 가운데 매일 20분씩 소리 내어 책을 읽고, 다 읽은 다음에는 그 내용에 대해서 어머니와 어린이가 서로 이야기를 나누는 아주 간단한 방법입니다. 매일 20분씩 책을 읽으면 한 달이면 200페이지 정도의 책을 2권 읽고, 1년이면 20권 정도의 책을 읽게 됩니다. 이 얼마나 엄청난 결과입니까? 더욱 주목할 만한 사실은 이 운동을 전개하고 난 뒤에 어린이가 책을 좋아하게 되었을 뿐만 아니라 발표력이 향상되었고, 모자간에 공통 화제의 이야기를 많이 하게 되었으며, 텔레비전을 보는 일이 줄어들게 되었다고 합니다.

어머님들 어떻습니까? 하루에 단 20분간의 독서 시간으로 몇 가지의 효과를 얻어 보지 않으시겠습니까? 각 가정마다 책을 읽는 어린이와 그 옆에서 조용히 듣고 있는 어머니, 이 모자의 모습은 머리 속에 그려 보기만 해도 흐뭇한 일이 아닐 수 없습니다. 지난 시절 희미한 호롱불을 가운데 두고 어린 손자, 손녀들이 할머니 앞에 모 여 앉아 '옛날 옛날 아주 먼 옛날에……'하면서 흘러나오는 신기하고도 무서운 이야기들을 열심히 듣던 어린이들, 그 시절의 모습을 오늘날 책을 손에 든 자녀와 어머니의 모습으로 바꾸어 재현해 보시기 바랍니다.

Ⅱ. 독서 지도를 할 때의 일반적인 지침은

독서 지도를 하실 때에는 다음과 같은 세 가지 사항을 알고 지도해 주시기 바랍니다, 먼저 독서할 수 있는 좋은 환경을 만들어 주고, 그 다음에 좋은 책을 선택해 주며, 끝으로 독서 후에 느낀 점을 이야기하거나 글로 쓰도록 하는 일, 이 세 가지 사항을 염두에 두고 지도하는 것이 바람직한 독서 지도 방법이라 하겠습니다. 다시 말하여 그저 책 읽는 것을 지도하는 것만이 독서 지도의 전부가 아니고 독서할 수 있는 환경을 꾸며 주는 일에서부터 시작하여 독서 후의 지도까지 연계성 있게 하는 것이 바람직한 독서 지도라는 것입니다. 그러면 이제 이들 세 가지에 대하여 하나하나 설명해 보겠습니다.

1. 독서 환경을 이렇게 꾸며 주자

예로부터 성공한 사람들의 어린 시절을 보면 집 안에 책이 많이 있는 환경에서 자랐다는 사실을 알 수 있습니다.

웨이플레스 (Waples)라는 학자의 연구에 의하면 어린이들로 하여금 독서를 하게 하는 결정적인 요인은 그들이 생활하는 공간 가까이에 읽을 책들이 얼마나 많이 놓여 있느냐는 것이라고 합니다. 즉, 어린이들에게 독서하는 동기를 유발시키는 첫째 조건은 좋은 독서 환경을 마련해 주는 일이라는 것입니다.

아무리 책을 많이 읽고 싶어도 손길이 닿는 곳에 책이 놓여 있지 않으면 독서할 수 없습니다. 그러므로 주변에 책을 준비해 놓는 것이 독서 지도의 가장 핵심적인 부분을 차지한다고 해도 지나친 말은 아닐 것입니다. 어찌 보면 이것이 흥미를 갖고 책을 읽게 하는 것보다도 더 우선적으로 필요한 일이라고 하겠습니다.

그러나 읽을 책을 구비해 놓았다고 해서 독서 환경 마련이 끝나는 것은 아닙니다. 여기서 잠시 우리네 가정의 독서 환경을 생각해 봅시다. 여유 있는 가정이라면 어느 가정이든지 호화 책꽂이에 전집류가 나열되어 있는 것을 볼 수 있습니다. 하지만 대부분의 경우 굳게 닫혀 있는 책 장 안에 먼지가 뽀얗게 쌓여 있습니다. 결국 이 책장 안의 책들은 한낱 장식품에 불과한 것입니다.

독서 환경을 마련한다고 할 때 이처럼 장식품의 역할만 하는 책은 아무리 많아 봐도 소용없습니다. 책장 안의 책을 아이들로 하여금 접하기 좋게 해야 합니다. 아이들이 생활하는 구석구석에, 아이들의 책상에도, 잠자리에도, 텔레비전 앞에도 책을 놓아두어야 합니다.

이렇게 어린이의 생활환경에 책들을 구비해 놓은 다음에 해야 할 중요한 일은 독서할 수 있는 가정 분위기를 만드는 일입니다. 어린이들에게 가장 바람직한 독서 분위기란 가정에서 아버지, 어머니가 항상 독서하는 모습을 보여 주는 일입니다. 아버지, 어머니는 읽지 않고 자녀에게만 읽으라고 하면 그것이 효과가 있겠습니까?

우리네 가정을 한번 생각해 봅시다.

저녁 식사를 마치고 나면 온 식구가 텔레비전 앞에 앉아서 시간 가는 줄 모르며, 또 부모와 자녀가 주고받는 대화에서는 책의 내용에 대한 이야기를 찾기 어렵습니다. 부모들은 어린이에게 좋다는 책들을 전집류로 사 주지만 이를 같이 읽고 대화를 나누는 일은 거의 없습니다.

한 조사에서 초등학교 학부모들을 대상으로 한 설문조사 결과를 보면 우리 나라 학부모들 10명 중 4명이 한 달에 3~4시간 정도밖에 책을 읽지 않는다는 사실이 밝혀졌습니다. 이렇게 된 이유, 다시 말해서 부모들이 독서하는데 가장 큰 저해 요인으로는 텔레비전 시청 때문이라는 응답이 무려 80%에 달하며, 바쁜 생활 때문이라는 반응도 17%인 것으로 집계되었습니다. 그러나 부모들 가운데 74%가 자녀들의 독서가 습관화되어야 한다고 말해 자신들은 책 대신 텔레비전을 즐기면서 자녀들에게는 책을 읽으라고 말하는 무책임한 이율배반적 현상이 큰 문제점으로 지적되었습니다. 이 얼마나 모순된 현상입니까?

부모가 자녀에게 독서하는 모습을 보여 주어야 합니다. 가정에 부모의 책상이 있으면 좋겠습니다. 사과 궤짝이라도 좋습니다. 그 위에 책상보를 덮고 가지런히 책을 펼쳐 놓고 독서하는 부모의 모습에서 어린이는 가장 큰 평생의 선물을 얻게 될 것입니다.

독서 위생 지도 제대로 하고 있나

어린이들에게 바람직한 독서 환경을 마련해 줄 때 간과해서는 안 될 것이 하나 있습니다. 그것은 바로 독서 위생의 지도입니다. 독서 위생의 지도란 독서하는데 있어서의 신체적인 건강을 갖게 하는 일을 말합니다.

최근 초등학교 교실에 가 보면 안경을 쓰고 있는 어린 이들을 많이 발견하게 됩니다. 더러는 한 반에 과반 수 정도의 어린이가 안경을 쓰고 있습니다. 이렇게 시력 저하가 오게 된 데에는 물론 텔레비전 시청의 영향도 있겠지만, 책을 읽을 때 잘못된 독서 생활의 영향도 무시할 수 없는 것입니다. 그런데 이 같은 영향들은 특히 성장기에 있는 어린이들에게 보다 크게 작용하게 마련입니다.

따라서 모든 면에서 건강하게 장장해야 할 우리 어린 이들에게 독서 환경의 조건이나 독서의 자세 등 독서 위생에 대한 지도를 할 필요가 있습니다. 이제 독서 위생의 지도에서 꼭 다루어야 되겠다고 생각하는 항목 몇 가지를 알아보기로 하겠습니다.

독서의 자세: 독서에 몰두하다 보면 자기도 모르는 사이에 책에 눈이 너무 가까워질 때가 많습니다. 이렇게 되면 눈에 피로가 곧 오게 되며, 이로 인해서 근시가 될 위험이 따릅니다. 혹은 등을 구부리고 독서하거나 드러누워서 읽으면 눈에 장애를 일으키기가 쉽습니다.

따라서 독서할 때에는 책 읽는 자세를 똑바로 갖는 습관을 꼭 길러야 합니다. 자기의 몸에 맞는 책상과 걸상을 사용하도록 하고, 특히 책과 눈의 거리는 30,~40cm가 되게 하며, 책과 시선의 각은 90°가 되게 하는 것이 좋습니다.

불빛의 밝기: 독서를 할 때에는 책이 주변보다 좀 밝게 하여 돋보이도록 하는 것이 좋습니다. 그러나 빛이 눈에 직접 닿거나 너무 강한 것은 좋지 않습니다. 그러므로 알맞은 불빛의 밝기를 조정할 때에는 전체 조명 외에 스탠드를 설치해 주는 것이 좋습니다. 이때 스탠드는 책상의 왼쪽 약간 위에 25~30°정도 기울이게 하여 갓을 씌워 놓아야 합니다. 그렇게 해야 글을 읽거나 쓸 때 그늘이 지지 않고 빛도 직사가 아니어서 좋습니다. 하나의 실례를 들어 불빛의 밝기를 보면 밤에 책읽기에 알맞은 빛의 밝기는 대체로 전체 500룩스 정도가 좋다고 합니다. 이를 구체적으로 이야기하면 물론 방의 크기에 따라 다르겠지만, 20와트의 형광등으로 방 전체 조명을 하고 책상 위 50cm쯤 거리에 40와트의 백열등 스탠드를 갓 씌워 설치하면 이 밝기가 된다고 합니다.

책 활자의 크기: 특히 어린이들에게 책을 줄 떠 책 활자의 크기는 가장 먼저 고려되어야 할 조건이라 할 수 있습니다. 활자가 작으면 시력을 해치고 독서에 흥미를 붙이기 어렵기 때문입니다. 그리고 어린이 도서 중 활자가 작은 도서에는 나쁜 도서가 많습니다.

서울 강남에 있는 어떤 초등학교에서 학생들을 조사한 결과, 어린이들이 피로하지 않고 읽기 좋은 활자는 학년별로 다음과 같이 나타났습니다.

즉, 1, 2학년 어린이들은 14P 20급, 3학년 어린이들 은12P 18급, 4, 5, 6학년 어린이들은 11P 16급 활자가 자신들에게 가장 알맞다고 응답했습니다. 여기 실제 그 활자 크기를 제시하니 부모님들께서는 자녀의 도서를 선택할 때 참고해 주시기 바랍니다.

20급 14P 1, 2학년 표준 활자	준호와 명철은 6학년이 되어서도 차 선생님이 담임을 하였습니다. 학생들은 차 선생님이 계속 담임을 하게 되자 박수를 치며 좋아하였습니다.
18급 12P 3학년 표준 활자	준화와 명철은 6학년이 되어서도 차 선생님이 담임을 하였습니다. 학생들은 차 선생님이 계속 담임을 하게 되자 박수를 치며 좋아하였습니다. 어린이날이 가까워 오면서 학생
16급 11P 4, 5, 6학년 표준 활자	준호와 명철은 6학년이 되어서도 차 선생님이 담임을 하였습니다. 학생들은 차 선생님이 계속 담임을 하게 되자 박수를 치며 좋아하였습니다. 어린이날이 가까워 오면서 아이들은 '멍멍이대회'에 관심이 높아졌습니다.

독서 시간: 독서 하는 시간은 각자의 능력이나 흥미, 책의 내용에 따라서 다르겠지만, 너무 오랜 시간 계속해서 책을 읽는 것은 좋지 않습니다. 장시간에 걸쳐 독서하면 피로가 겹치게 되어 능률도 떨어질 뿐만 아니라, 근시의 위험도 가져다주기 때문입니다.

전문가의 말에 의하면 대개 1일 평균으로 하여 유치원 어린이는 10, 15분, 초등학교 1, 2학년은 20~30분, 3, 4학년은 30~40분, 5, 6학년은 50~60분, 중고생은 60~100분 정도가 가장 적당한 독서 시간이라고 합니다.

독서 장소 : 버스 안에서나 길을 걸어가면서 책을 읽게 되면 눈의 근육이나 신경에 많은 자극을 주게 되어 난시나 근시와 같은 장애를 일으키기 쉽기 때문에 될 수 있는 한 이러한 장소에서의 독서는 피하는 것이 좋습니다. 또 독서하는 장소의 채광이나 통풍, 소음 등의 조건을 충분히 고려하여 보다 안정된 분위기에서 효율적인 독서가 될 수 있도록 지도해야 합니다.

2. 좋은 책을 고르려면

어떤 책이든지 그것이 간화책만 아니라면 자녀가 책을 읽을 때 부모님들은 무조건 만족해합니다. 그러고는 자녀에게 어떤 책을 주어야 하는지에 대해서는 별로 신경 쓰지 않는 것 같습니다. 옆집 아이가 읽는 책이니까, 학년별 필독서 목록에 나와 있는 책이니까 무조건 읽게 하는 경향이 있습니다.

이 세상에는 무수히 많은 책들이 있습니다. 하지만 이 많은 책들을 다 읽을 수는 없기 때문에 반드시 책을 선정해서 읽어야 하는 문제가 뒤따르게 됩니다. 그런데 이 때 어린이들은 좋은 책을 스스로 선택할 능력이 없기 때문에 부모가 어린이들에게 좋은 책을 선택해 주어야 함은 물론, 동시에 좋은 책을 선택하는 능력도 함께 길러 주어야 합니다.

‘알맞은 책을 알맞은 시기에 알맞은 독자에게’라는 말이 있습니다. 필자는 이 말이 책을 선택 하는데 있어서 가장 지표가 되는 말이라고 생각합니다. 독자 개개인에게 알맞은 책을 주어야 한다는 이 말은 책을 선택할 때 무조건 좋은 책을 선택해 주는 것만이 바람직한 일은 아니라는 원리를 깨닫게 해 줍니다.

아무리 좋은 책이라 하더라도 그것이 독자 개인에게 적합하지 않은 책이라면 아무 소용없습니다. ‘우리 아이는 4학년인데 무슨 책을 사 주면 좋겠는가?’하고 물으면 한 마디로 단정해서 대답하기가 어렵습니다. 왜냐하면 겉으로 드러나지 않는 그 어린이의 독서 능력을 알 수 없기 때문입니다. 책을 읽은 정도에 따라서, 또 책을 이해하는 정도에 따라서 독서 능력은 4학년이 6학년의 수준일 수도 있고, 반면 2학년의 수준밖에 되지 않을 수도 있습니다.

그러므로 책을 선택할 때에는 좋은 책, 양서를 선택하는 것도 중요하지만 책을 읽을 어린이에게 알맞은 수준의 책을 선택하는 것 또한 매우 중요합니다. 물론 이 때 수준에 맞는 책은 양서 중에서 선택해야 합니다. 그러면 양서는 어떻게 선택해야 할까요?

양서는 어떻게 선택해야 하나

어린이들에게 양서가 되기 위한 첫째 조건은 알기 쉬운 책이어야 합니다. 특히 어린이들은 책의 언어 표현과 개념에 대해서 충분한 이해력을 가지고 있지 못하기 때문에 더욱더 알기 쉽게 풀어서 쓴 책이어야 합니다.

내용면에 있어서는 말할 것도 없이 교육성이 있는 책이어야 합니다. 이 책에서 과연 어떠한 배움과 깨달음을 얻을 수 있겠는가, 학습에 도움이 되겠는가 하는 등의 문제를 살펴볼 필요가 있습니다. 예를 들어 그 책에 나오는 어휘가 상스럽고 비교육적인 것이라면 좋은 책이라고 할 수 없습니다. 하지만 여기서 한 가지 중요한 일은 노골적인 훈육을 위한 내용의 책은 피해야 한다는 것입니다. 책이라고 하는 것은 어느 정도 흥미가 있어야 읽고 싶은 마음이 생기게 마련인데, 너무 교과서적인 책은 읽고 싶은 자연적인 흥미를 일으키기 어렵기 때문입니다.

내용에 있어서 또 하나 중요한 것은 문학성이 있는 책이어야 합니다. 이는 다른 말로 표현하여 예술성이라고도 할 수 있습니다. 책을 읽은 후 어떤 감동을 받았는가, 얼마나 오랫동안 기억할 수 있겠는가 하는 문제가 이에 속하는 것이라 하겠습니다.

그 외에도 양서가 되려면 책의 형식면이 좋아야 합니다. 책의 활자 크기가 알맞은가, 글씨와 그림의 인쇄가 깨끗한가, 종이의 질은 좋은가, 제본은 잘 되어 있는가 등 전체적으로 책의 형식에 대한 문제가 이에 속한다 하겠습니다. 그리고 가장 중요한 양서 선택방법은 부모가 자녀와 같이 책방에 가서 책을 골라야 합니다.

지금까지 이야기한 양서의 조건들을 갖추고 있는 책을 선택하려면 그 동안 필자의 경험에 비추어 보건대 대개의 경우 지은이가 명망 있고 출판사가 권위 있으며 최근에 발행된 책에서 쉽게 선택할 수 있다고 말씀드릴 수 있겠습니다.

수준에 맞는 책은 어떻게 선택해야 하나

이상의 양서 기준에 의하여 책을 선택했으면 이제는 수준에 맞는 책을 찾아내야 합니다. 그러면 이러한 책은 어떻게 골라야 할까요?

현재 부모님께서 자녀의 독서 능력이 어느 정도 되는지 모르신다면 우선 해당 학년 필독서 목록에 나와 있는 책을 읽도록 하십시오. 그러고는 책을 읽는 모습을 세밀히 관찰하면서 알맞은 책을 골라야 합니다.

우선 어린이의 책을 읽는 속도가 자기 학년의 교과서를 읽는 속도와 비슷하면 그 책의 내용이나 글자의 크기는 이 어린이에게 적당하다고 보아도 좋습니다. 하지만 어린이가 책을 읽어 가면서 자주 더듬거리면 일단 그 책은 수준이 높은 것이라고 단정해도 좋습니다. 물론 책의 종류나 내용에 따라 다르겠지만 대개의 경우 책 한 페이지에서 모르는 단어가 5개 이상 정도 나오면 수준이 높은 책이라고 합니다. 또한 다·읽고 난 뒤 부모에게 제대로 책의 줄거리를 이야기하지 못하면 수준이 높은 책이라고 할 수 있습니다. 따라서 이럴 때에는 어린이에게 한 단계 아래의 책으로 바꾸어 주는 것이 좋습니다.

또한 책을 읽고 난 뒤 반응이 없으면 일단 감동을 받지 못했다고 볼 수 있기 때문에 이 때는 어린이의 흥미를 고려하여 다른 종류의 책으로 바꾸어 주어야 합니다.

3. 독후감 지도를 할 때에는

어린이들의 독서 지도에서 가장 중요한 것은 어찌 보면 책을 읽고 난 후의 지도라고 말할 수 있습니다. 어떤 한 권의 책을 읽고 나서 그 내용에 대해 생각을 해보는 시간을 갖는 경우와 그렇지 않은 경우를 놓고 볼 때 전자의 경우가 보다 오랫동안, 그리고 가슴 깊이 감동을 느끼며 그만큼 바람직한 독서를 했다고 말할 수 있습니다. 그럼에도 불구하고 대부분의 부모들은 어린이들로 하여금 책을 읽게 하는 데에만 신경 쓰고 책을 읽고 난 후의 지도, 이를테면 독후감을 쓰게 하는 데에는 별로 신경 쓰지 않는 것 같습니다.

하지만 최근 들어 대학 입시에서 논술 고사를 포함시킨다는 교육 정책이 발표되면서 일부 교육열이 높은 어머니들 중에 이 시험에 대한 대비책으로 초등학교 때부터 글짓기 지도를 해야 한다, 독후감쓰기 지도를 해야 한다고 야단들입니다.

필자의 소견으로는 어려서부터 꾸준히 독서를 하고 이에 대한 느낌을 이야기 하고 쓰도록 지도하면 생각하는 독서를 하게 됨으로써 결국 논리적인 사고 능력을 많이 길러 줄 수 있다고 생각합니다.

그런데 어린이들에게 독후감을 쓰게 하는 것은 여간 힘든 일이 아닙니다. 특히 책을 읽은 다음에 독후감을 써야 할 것을 필수 조건으로 해 놓으면 어린이들은 너무도 부담스러워합니다. 읽기도 싫은데 독후감까지 쓰기는 대우 지겹게 느껴질 것입니다. 이렇게 어떤 강요나 명령에 의해 독후감을 억지로 쓰게 하면 오히려 점점 독서와 멀어지게 됩니다.

그러므로 독후감 지도를 할 때에는 어린이들에게 부담을 주지 않는 방향으로 하는 것이 가장 중요 한 일입니다.

독후감쓰기 지도의 바람직한 방향은

여러 사람이 똑같은 책을 읽고 독후감을 써도 그 내용은 각자 주관에 따라 달라질 수 있기 때문에 어떤 의미에서 독후감쓰기는 제2의 창작 활동이라고 할 수 있습니다.

이런 사실을 염두에 두고 아래와 같은 과정으로 독후감쓰기 지도를 하는 것이 좋을 듯합니다. 우선 책을 읽고 나면 생각의 폭을 넓히도록 하는데 중점을 두어야 합니다. 한 권의 책을 읽고 나면 그 책 내용을 근간으로 하여 자신의 생각을 무한대로 펼쳐 보도록 하게 하십시오. 이 때 책을 읽으면서 재미있었거나 감동받은 대목을 떠올려 보게 합니다. 여기에서 특히 책의 내용이나 감동받은 부분을 이야기하게 하거나 질문을 하면 사고력을 크게 길러 줄 수 있습니다. 이렇게 해서 감동이나 생각이 어느 정도 추려졌으면 이를 어떻게 표현할까 구상하게 합니다. 그러고는 이를 문장으로 전개해나가는데 그저 재미있었다, 신기했다는 식의 추상적 표현에만 그치게 하지 말고 그 작품의 어느 장면이 왜 재미있었는지 구체적으로 표현하게 합니다. 또한 자기가 느낀 점에 중점을 두고 글을 전개해 나가되 너무 산만하게 이것저것 다 건드리지 말고 한 가지 장면이나 주제를 잡아 차근차근 생각을 발전시켜 나가도록 지도하십시오. 이 때 감동이 컸던 부분이나 책을 읽게 된 동기 등을 앞에 쓰게 하고, 작품 속에 펼쳐지는 인상적인 장면과 자기 생활과의 공감 부분을 글머리에 쓰게 합니다.

단계별 독후감쓰기 지도

어린 아이들에게 독후감쓰기를 지도할 때에는 우선 책을 읽고 나서 그 내용에 대하여 자유롭게 이야기하는 것이 좋습니다. 한 마디로 말하여 책을 읽고 난 뒤 느낀 점을 말로 표현하게 하는 것입니다. 이렇게 하는 것이 독서 입문기에 있는 아이들에게는 독후감을 쓰게 하는 부담감을 주지 않으면서 내용을 말로 표현할 수 있도록 하기 때문에 매우 좋습니다.

어린이들은 대부분 책을 읽고 난 뒤 그냥 '재미있었다.', '재미없었다.', '슬펐다.' 등과 같이 짧은 표현으로 느낌을 나타내는 경향이 있습니다. 이 때 '어디가 어떻게 재미있었니?', '왜 특히 그것이 재미있었니?', '어떤 점이 슬펐니?'하고 어머니가 어린이에게 질문함으로써 보다 구체적으로 느낌을 표현할 수 있도록 이끌어 줄 필요가 있습니다. 보다 바람직한 것은 한 걸음 더 나아가 아이가 읽는 책을 부모가 같이 읽고나서 느낀 점을 아이와 함께 이야기하는 것입니다. 그렇게 하면 어린이는 부모의 느낌을 듣고 자신이 깨닫지 못한 부분을 발견하고 큰 기쁨을 맛볼 것입니다.

이렇게 함께 대화를 나눈 뒤에는 그 내용을 독서 입문 기의 어린이에게는 그림으로 표현하게 하는 것이 좋습니다. 예를 들어 대화를 나눈 내용이나 또는 읽은 내용 중에서 재미있는 부분을 그림으로 나타내 보고 끝에 간단한 글을 쓰게 하는 것도 한 방법이라 하겠습니다.

그 다음 단계의 아이들에게는 그림을 그리는 것에서 벗어나 느낀 감동을 직접 쓰도록 하는 것이 좋습니다. 직접 쓰게 할 때에도 물론 단계적인 지도가 필요합니다.

초등학교 1, 2학년 어린이들은 읽은 책의 내용을 간략히 쓰고 감상을 소박한 말로 나타내는데 중점을 두어 지도하는 것이 좋습니다. 이야기 속에 나오는 사람이나 동물을 대상으로 하여 친구에게 편지 쓰는 형식으로 글을 쓰게 할 수 있습니다. 특히 책의 내용을 자기와 자기의 생활 주변과 비교하여 보게 하면 감상이 표출되기가 쉽습니다. 3, 4학년 어린이에게는 작품의 주제를 파악하고 그에 대한 자기의 감상과 의견을 쓰도록 하는데 중점을 두어 지도하는 것이 좋습니다. 이 때 흥미 있고 문제가 되는 점을 찾아 쓰도록 하고, 가능하다면 작품의 주제를 자기 생각과 비교해서 쓰도록 지도합니다.

5, 6학년 어린이에게는 책의 내용이나 어떤 한 부분보다는 작품 전체를 통하여 얻은 느낌을 자기 생각으로 판단해서 쓰도록 하는데 중점을 두어 지도하도록 합니다. 이 때 독후감 속에 자기의 의견이나 주장이 명확히 나타나도록 쓰게 합니다. 이를테면 작품 속의 등장인물을 자기의 경우나 자기 주변의 경우와 비교하여 스스로 반성한 것, 혹은 등장인물에게 바라는 것 등을 감상으로 표현하게 하면 좋습니다. 그리하여 이 시기에는 독후감 속에 평소 자기의 생각이 독서를 통하여 변화되어 가는 모습이 나타날 수 있도록 지도해야 합니다.

끝으로 한 가지 덧붙이고 싶은 것은 지금까지 이야기한 학년별 지도 내용은 단계적으로 실시되어야 한다는 것입니다. 예를 들어 4학년 어린이라 하더라도 그 동안 독후감쓰기를 체계적으로 지도받지 않았다면 우선 입문기에 해당하는 내용을 지도받아야 합니다. 그래야만 효과적인 독후감 지도를 받을 수 있을 것입니다.

Ⅲ. 어린이의 성장과 책

'우리 아이에게 과연 어떠한 책을 주어야할까?'하는 문제는 모든 부모에게 매우 중요한 질문이 아닐 수 없습니다. 이 질문에 대한 올바른 해답은 한 마디로 어린이의 성장 발달에 걸맞은 책을 주는 것이 가장 좋은 방법이라고 할 수 있겠습니다.

어린이들의 몸과 마음이 일정한 순서에 따라 변화, 발달해 가듯이 독서하는 능력이나 독서 흥미도 연령에 따라 점차 변화해 갑니다. 따라서 학년이 올라감에 따라 점차 수준이 높고 어린이들의 흥미에 적합한 책을 준비해 주는 것으로 독서 지도를 전개해 나가야 합니다. 이렇게 단계적으로 독서 지도를 해나가는 과정에서 어린이의 독서력은 크게 발달해 갈 것입니다.

그러면 이제 어린이의 연령에 따라 어떠한 책을 주고 어떻게 지도해야 하는지 알아보기로 하겠습니다.

1. 유아와 책

유아기는 세상에 태어나서 책을 처음으로 접하게 되는 시기입니다. 유아기에 기본적인 인간 형성이 이루어진다고 할 때 이 시기에 있어서의 독서의 생활화는 매우 중요한 의의를 가지게 됩니다.

아기에서부터 유치원을 끝날 때까지의 유아에게는 무엇보다도 그림책이 가장 적합한 책이라고 할 수 있습니다. 그림책은 유아로 하여금 물건의 모양에 대한 인식을 확실하게 해 주고 말하는 단어의 수를 늘려 주며, 이야기의 줄거리를 파악하는 능력을 길러 줍니다. 유아의 독서 지도는 글을 읽을 수 있는 기초를 만들어 줌은 물론 즐거움과 정서를 풍부하게 하는데 초점을 두어야 한다고 할 때 그림책은 확실히 유아에게 큰 역할을 하는 것입니다. 이제 유아의 연령별로 독서 지도에 대하여 알아보기로 하겠습니다.

1, 2세 : 아기는 일상생활 속에서 여러 가지 사물들을 눈에 익히고 있습니다. 그리고 눈에 익힌 것과 익히지 않은 것과를 구별하면서 하나씩 새로운 사물들을 알아내게 됩니다. 이 때 그림책은 이러한 사물들에 대한 인지를 촉진시켜 주는 역할을 합니다.

실제로 본 멍멍이의 인상이 막연하게 머리 속에 남아 있을 때 그림책에 그려진 멍멍이를 보게 되면 아이들은 매우 기뻐합니다. 이 때 발견의 즐거움과 더불어 멍멍이의 모습이 보다 분명히 머리 속에 인지되는 것입니다. 그리고 그림책에서 본 멍멍이의 모습을 다음에 또 직접 보게 되었을 때에는 보다 자세히 관찰하게 됩니다. 바로 이러한 과정을 통하여 유아는 하나하나의 사물의 형태를 인식해 갑니다.

따라서 1, 2세의 유아에게는 주변의 물체들이 단순하고 분영하게 그려져 있는 그림책을 사 주는 것이 좋습니다. 너무 복잡하게 그려져 있다든지 배경이 지나치게 세밀히 그려진 그림책은 유아의 사물에 대한 인지를 혼란스럽게 할 우려가 있기 때문입니다. 자녀에게 한꺼번에 많은 것을 가르쳐 주려는 부모님들 가운데 더러는 처음부터 많은 그림이 그려져 있는 그림책을 주는 부모님이 있는데 이는 바람직하지 못하다고 생각됩니다.

또 하나 유념해야 할 일은 이 시기의 유아는 책을 다른 장난감과 같이 찢거나 던질 수도 있기 때문에 될 수 있는 한 견고한 것으로 준비해 줄 필요가 있습니다.

3세 : 세 살 정도가 되면 유아는 짧은 문장을 말로 표현할 수 있고, 어느 정도 들을 수도 있습니다. 그러므로 이때부터 짧은 줄거리가 있는 그림책을 이해하게 됩니다. 이 시기에는 유아들의 일상생활 이야기나 옛이야기 그림책, 동요 그림책 등을 좋아합니다. 특히 세 살 정도가 되면 동작이 많아짐과 동시에 가만히 정지해 있는 것보다는 움직이는 물체를 더 좋아하기 때문에 그림책도 그 안에 나오는 그림들이 움직이는 것들이면 더욱 좋습니다.

이 시기에 그림책을 지도할 때에는 어머니가 그림을 손으로 가리키면서 내용을 천천히 읽어주고, 경우에 따라서는 노래도 곁들이면서 읽어 주도록 합니다. 또 이 시기의 어린이들은 같은 책을 여러 번 되풀이해서 읽어 주어도 매우 좋아합니다.

4, 5세 : 이 시기가 되면 어린이는 언어의 낱말수도 보다 많이 알게 되고, 배워서 알려고 하는 욕망도 강해지기 시작합니다. 그 동안은 일상생활에서 보고 익히게 된 것을 그림책으로 확인한다는 경향이 강했지만, 이제부터는 그림책으

로부터 몰랐던 것을 알게 되는 일이 많아집니다.

이 시기의 유아에게 줄 그림책은 너무도 많습니다. 대부분의 그림책이 이 시기의 어린이들을 위한 것이라 해도 과언이 아닐 것입니다. 그런데 4, 5세의 어린이들은 특히 글자 수가 약간 많고 긴 이야기나 줄거리가 있는 이야기를 좋아합니다. 이 때 쉬운 글들은 더러 혼자서 읽을 줄 아는 어린이들도 있습니다. 그래서 대부분의 부모들은 어린이에게 글자 익히기 훈련을 시킨다는 목적으로 혼자서 읽게 하는 경우가 많습니다. 하지만 아직은 완전한 문자 해독 능력이 없는 시기고 어린이들이 한 자 한 자 천천히 읽다보면 이야기의 전체 흐름을 파악할 수 없기 때문에 잘못하면 독서 흥미를 점차 잃게 될 우려가 있습니다.

그림책만 사준다고 해서 독서 지도가 끝나는 것은 아닙니다. 어머니가 그림 밑에 씌어진 글자를 또박또박 읽어 주면서 어린이와 함께 책을 보는 것이 바람직합니다. 그러는 동안에 어린이는 자연스럽게 글자를 익힐 뿐만 아니라 독서에도 흥미를 느껴 앞으로의 독서 생활을 할 수 있는 준비성이 생기게 됩니다.

2. 초등 1, 2학년 어린이와 책

초등학교 1, 2학년의 시기는 독서 지도의 측면에서 볼 때 앞으로의 독서 생활을 이룩하는데 중요한 입문기가 됩니다. 때문에 이 시기의 독서 지도는 보다 중요하다고 하겠습니다.

초등학교 1, 2학년 어린이들은 한글을 깨쳤기 때문에 자기 혼자서 책을 읽기는 시작하지만 독서하는 데는 아직 많은 어려운 점을 안고 있습니다. 이를테면 글자는 겨우 읽을 수 있다 하더라도 말이나 문장이 지닌 의미를 머리 속에 그릴 수 있는 능력이 아직 약합니다. 또, 책을 소리 내어 읽으며 목독을 하기에는 아직 부족한 상태입니다.

그러면 이들에게는 어떠한 책을 구해 주는 것이 좋을까요?

초등학교 1, 2학년 어린이들은 생활환경이 가정으로부터 학교라는 넓은 사회로 확대됨에 따라 이에 대한 적응이 주요 과제라 할 수 있습니다. 따라서 이들에게는 사회에서 지켜야 할 것과 해서는 안될 규범을 알려 주는 것에 역점을 두어야 합니다. 규칙을 지키는 것은 선이며, 이를 지키지 않는 것은 악이라는, 선과 악을 구별할 수 있도록 해 주어야 합니다. 더욱이 자기 판단으로서는 자신이 없어서 성인의 판단을 무조건 받아들이기 때문에 이 시기에는 선과 악의 분별이 쉽게 되는 책을 구해주는 것이 좋습니다.

초등학교 1, 2학년 어린이들에게는 이 같은 내용을 담고 있는 책 중에서도 특히 이야기책과 동화책, 그림책 같은 것을 주는 것이 좋습니다. 이 때 그림책부터 시작해서 동화책으로 이어 주는 것이 바람직합니다.

그림책을 줄 때에는 어린이의 일상생활을 다룬 것, 또는 동식물을 내용으로 한 것 등을 주도록 하십시오.

한편 동화나 이야기책은 단순한 줄거리에서부터 복잡한 줄거리의 것을 주는 것이 이해에 도움을 줍니다. 이 때 이야기책으로 위인의 일화가 담긴 것을 주면 매우 좋습니다. 그런데 이 시기는 아직 글자가 많은 것은 소화해 내기가 힘들기 때문에 가능한 한 삽화가 많이 들어가 있는 책을 주어야 합니다. 특히 한 가지 유의할 점은 아무리 내용이 좋다고 하더라도 억지로 읽게 해서는 안 된다는 사실입니다. 잘못하면 어린이로 하여금 독서에 대한 취미를 아주 잃게 할 수도 있기 때문입니다. 이 시기를 부모가 어떻게 독서 지도해 왔느냐에 따라 훗날의 독서 생활이 습관화될 수도 있고 그 반대일 수도 있습니다.

3. 초등 3, 4학년 어린이와 책

유아기와 초등학교 1, 2학년 시기에 착실히 독서 지도를 받은 어린이는 이 시기가 되면 대개의 경우 독서에 대해 어느 정도 눈을 뜨게 되고, 독서에 대한 흥미도 증가하게 됩니다.

초등학교 3, 4학년 정도가 되면 어린이들은 그 동안 어른에게 의존해 온 태도가 자주적인 태도로 바뀌고 점차 현실 사회에 눈을 뜨게 됩니다. 또한 신기하고 유머 넘치는 이야기를 좋아하며, 호기심에 차고 지적인 흥미도 발달되어 가므로 미지의 세계에 대한 동경도 강합니다. 따라서 이 시기의 어린이들에게는 개인의 현실 생활을 상상으로 꾸며 놓은 생활 동화 같은 것을 주는 것이 좋습니다. 예를 들어 안데르센 동화책을 주면 매우 재미있게 읽어 나갈 것입니다.

특히 이 시기의 어린이들에게는 대체로 이야기 속의 인물의 행동에 공감하거나 비판을 가하는 경향이 높게 나타납니다. 때문에 위인이나 영웅의 행동 및 업적을 담은 책을 주는 것이 좋습니다.

또한 고학년이 되어 많이 읽는 소년·소녀 소설, 모험이
야기 및 과학 소설 등에 대한 관심도 4학년 정도부터 싹이
트는 시기므로 이런 종류의 읽을거리를 구입해 줄 필요가
있습니다.

4. 초등 5, 6학년 어린이와 책

초등학교 5, 6학년이 되면 어린이들은 지적인 견에서 현
저한 발달을 보입니다. 사고력이 풍부해지고 추상적인 말의
뜻도 서서히 알게 됩니다. 문장의 앞과 뒤의 관계로서 알지
못하는 언어도 추측할 수 있게 됩니다. 때문에 이 때부터는
깊이 생각하면서 독서하도록 지도할 필요가 있습니다. 즉,
사고하면서 독서하는 습관이 들도록 해야 합니다.

한편 초등학교 5, 6학년이 되면 신체적으로도 왕성한 발
달을 보입니다. 더 한층 행동적인 경향이 나타나고 신변의
현실 문제를 생각하는 의욕도 높아집니다. 뿐만 아니라 이
시기에는 친구 관계가 발달 과정의 중심이 되기 때문에 친
구들 간의 우정을 중시하거나 집단적인 행동에 관심을 갖게
됩니다. 이를테면 동료 집단 등을 만들어 비밀 도험을 즐기
기도 합니다.

이렇듯 초등학교 5, 6학년 시기는 지적인 면에서나 신체
적인 면에서 모두 발달의 폭이 넓어지기 때문에 그만큼 다
른 어느 시기에서보다도 책을 많이 읽으면서 동시에 이 책
저 책 닥치는 대로 읽는 시기라고 할 수 있습니다. 한 마디
로 말해서 독서 의욕도 강해지고 독서하는 양도 많아지는

시기라고 할 수 있습니다. 특히 이 시기에는 닥치는 대로 책을 읽다가 표면적인 재미나 감상에만 취하여 비교육적인 읽을거리에 관심을 기울이는 경향이 많으므로 이에 대한 세심한 지도가 필요합니다. 또한 이 시기에 와서는 같은 학년이라 할지라도 독서 능력이나 흥미에 있어서 개인차가 꽤 크기 때문에 이에 따른 효과적인 지도를 해야 합니다. 예를 들어 초등 5, 6학년이 되면 독서 흥미에 있어서 남녀 간의 차이가 뚜렷하게 나타나기 때문에 남자 어린이와 여자 어린이에게 주는 책의 종류도 각기 달라야 할 것입니다.

또한 이 시기는 이야기기(期)라고 할 수 있을 만큼 소년·소녀 소설을 가장 많이 읽는 시기이기도 합니다. 소년·소녀 소설은 대개 현실의 생활에서 소년·소녀가 당면하는 문제를 그리고 있습니다. 그런데 5, 6학년 어린이들은 특히 사회적 정의와 우정을 그린 내용에 공감하는 경향이 짙기 때문에 집단 내에서 서로 협력하고 이를 지키지 않는 자에게 제재를 가하는 내용의 이야기 같은 것을 주는 것이 좋습니다.

그런데 소년·소녀 소설에서도 남자 어린이들은 특히 모험·탐정 소설이나 과학 이야기를 좋아합니다. 이야기 속에 어떠한 장애를 만들어 놓고 이를 용기와 인내로써 해결하게 하는 모험, 탐정 이야기는 행동적인 소년기에 있는 아이들을 충분히 매료시키고 있습니다. 또 과학자와 위인들이 연구·개발한 발명과 발견 이야기는 미지의 세계를 정복하는 내용에 큰 흥미를 가지고 있는 이 시기의 어린이들에게 많이 읽히고 있습니다.

한편 소녀들은 특히 주인공을 동정하는 내용의 감상소설을 즐겨 읽습니다. 이때 독서 지도에서 주의해야 할 점은 너무 감장에만 빠지지는 않는지 잘 살펴보는 일입니다. 감정 소설에 잘못 빠쳐들면 정말로 자기가 그 소설의 주인공이 된 양 착각하기도 하여 정서 발달에 나쁜 영향을 미칠 수도 있기 때문입니다.

Ⅳ. 실제 독서 지도는 어떻게 해야 하나

1. 책을 잘 읽지 않는 어린이

한 조사에서 초등학생을 대상으로 하여 독서 시간을 조사한 결과에 의하면 반수 정도가 일주일에 2~3시간 정도 독서하는 것으로 나타났습니다. 그리고 조사 대상자의 29%가 월 3~4시간 정도, 16%가 방학 때만 몇 시간 정도 독서한다고 응답하여 전반적으로 어린이들이 책을 잘 읽지 않는 것으로 밝혀졌습니다.

실제로도 '우리 집 아이는 학교 다녀와서 숙제만 끝내고 텔레비전 앞에만 매달려 있고 도대체 책을 읽을 생각은 전혀 하지 않는군요.'하면서 호소해 오는 부모님들이 많습니다. 좋은 책을 접하는 것이 아이의 장래를 위해서 매우 중요한 일이라는 것을 잘 알고 있는 부모들에게 책을 잘 읽지 않는 자녀의 문제는 이만저만한 고충거리가 아닐 수 없습니다.

대개의 경우 책을 잘 읽지 않는 어린이들은 책을 읽을 수 있는 능력을 가지고 있으면서도 책을 읽으려고 하지 않고 읽기에 게으름을 피우는 어린이들입니다. 이들이 이렇게 된 데에는 대부분의 독서 기초에 대한 지도를 받지 못하였거나, 아니면 좋은 독서 환경에서 생활하지 못했기 때문이라고 할 수 있습니다. 이들은 조금만 신경 써서 지도해 주면 책을 열심히 읽는 어린이로 전환될 수도 있습니다. 그러면 이제 어떻게 지도하면 좋을지 알아보기로 하겠습니다.

독서 흥미를 유발시키는 데 중점을 두자

책을 잘 읽지 않는 어린이에게 책을 읽게 하려면 많은 노력이 뒤따라야 합니다. 왜냐하면 그들은 아직까지 독서의 즐거움을 깨닫지 못하고 있기 때문입니다.

그러므로 책을 잘 읽지 않는 어린이라면 처음에는 아주 재미있고도 부담을 주지 않는 짧은 이야기의 책을 주는 것이 좋습니다. 예를 들어 만화로부터 출발하는 것도 하나의 방법이라 할 수 있겠습니다. 물론 이 때 불량 만화만은 피해야 합니다. 그리고 언제까지나 독서 지도를 만화에만 의존하지 말고 점차로 책을 대하는데 흥미를 갖게 되면 다른 알맞은 책으로 대치 시켜주어야 합니다.

이 때 중요한 것은 어디까지나 어린이가 흥미를 느낄 만한 내용의 책이어야 한다는 것입니다. 한 가지 좋은 방법을 소개해 보면 어린이 자신에게 책을 선택할 수 있는 기회를 주는 것입니다. 다시 말해서 책을 구입할 때에는 무조건 엄마 혼자서 살펴보아 선택하기보다는 어린이와 함께 선택하라는 것입니다. 이렇게 말씀드리는 데는 그럴만한 이유가 있습니다. 사람은 누구든지 자기 앞에 그냥 주어진 것에 대해서는 큰 애착을 갖지 못하는 경우가 많습니다. 하지만 단 한 자루의 연필인 경우에도 자기가 직접 선택한 것에 대해서는 큰 애착을, 갖게 마련입니다. 만일 그것이 오랜 시간 읽어야 할 책의 경우라면 더욱더 그러합니다. 때문에 책을 좋아하지 않는 어린이에게는 자기가 직접 선택한다는 것이 매우 중요한 의미를 갖는 일이 됩니다.

그런데 어린이가 책을 고를 때 한 가지 유의해야 할 점이 있습니다. 만일 어린이가 고른 책이 별로 좋지 않을 경우에는 '이 책은 엄마가 보기에는 별로 좋지 않은 것 같구나. 어디 다른 책으로 골라 볼까?'하고 말해서 한 번 더 고를 기회를 주십시오. 그래도 처음에 선택한 책을 사겠다고 계속 고집하면 일단은 그 책을 사 주십시오. 그러고는 엄마가 어린이와 함께 책을 읽으면서 그 책이 왜 별로 좋지 않은지를 가르쳐 주는 것이 좋습니다. 이렇게 하면 이 다음부터 어린이는 점차로 자기 스스로 책을 선택하는 능력이 쌓일 것입니다.

거듭 말하지만 책을 잘 읽지 않는 어린이에게 책을 읽게 하는 가장 좋은 방법은 어린이로 하여금 독서에 대한 관심을 가지게 하고 독서에 대한 흥미를 유발하게 하는 것입니다. 아무리 훌륭한 책일지라도 어린이가 흥미를 느끼지 않으면 읽지 않게 마련입니다. 어린이가 좋아하는 책을 중심으로 독서에 대한 즐거움을 알게 하는 것이 책을 읽지 않는 어린이로 하여금 책을 가까이하게 하는 첫째 조건입니다.

댁의 가정에 책을 잘 읽지 않는 어린이가 있다면 그 어린이 연령에 맞는 흥미 있는 책 몇 권을 그들에게 구해 주십시오. 그런데 여기에서 중요한 것은 무조건 그들에게 책을 주는 것으로만 끝내지 말고 부모가 독서하는 모습을 자녀에게 보여 주어야 한다는 것입니다. 가정의 독서 지도란 많은 책을 주고 '책을 읽으라'는 소리만 해서 되는 것은 아닙니다. 이것이 오히려 어린이에게 '책'이라고 하면 지긋지긋한 생각을 갖게 하기 쉽습니다.

부모의 독서하는 모습, 다시 말해서 가정의 독서 환경이 갖추어졌을 때 비로소 자녀의 독서 지도를 성공적으로 할 수 있습니다. 보다 바람직한 것은 부모가 함께 읽어서 서로 느낀 점을 대화를 통해 교환하면 아주 좋습니다. 혹은 옛날 우리 조상들이 '책거리'라고 하여 서당에서 책 한 권을 다 떼면 떡을 해서 먹던 풍속을 오늘날 사회에 맞추어 적합하게 실시할 수도 있습니다. 이를테면 부모와 형제 등 가족끼리 모여서 해도 좋고, 아니면 가깝게 지내는 친구들 몇 명을 불러다 책 한 권을 다 읽은 기념으로 과자와 음료수 등을 간단하게 준비하여 기념 파티를 할 수도 있습니다. 이때 읽은 소감을 자연스럽게 이야기하고, 또 어머니나 아버지, 혹은 친구들 중에 그 책을 읽어 본 경험이 있는 사람이 그 당시 자기의 느낌을 이야기하면 책에 대한 감상 또한 오랫동안 머리 속에 남을 것입니다. 어떤 면에서는 이런 자리를 자주 갖다 보면 다른 친구에게서 자극을 받아 새로운 책을 읽게 되는 기회가 되기도 합니다.

한편, 책을 잘 읽지 않는 어린이들 중에는 저학년 때에는 곧잘 책을 대했는데 고학년이 되면서 점점 멀리하는 어린이들도 있습니다. 이런 어린이들은 대개의 경우 초등학교에 들어가 글자를 처음 익히면서 독서에 약간의 흥미를 보이다가 고학년이 되면서 교과 내용도 어려워지고 친구 관계와 놀이 등 그 활동 범위가 넓어짐에 따라 자연히 책 읽는 시간이 줄어들어 책을 멀리하게 되는 것입니다. 그런데 이것이 그 사람의 일생에서 책을 아주 멀리하게 할 수도 있으므로 이런 경우에 대비하여 고학년이 되어서도 지속적으로 책을 가까이할 수 있도록 세심한 지도를 해야 합니다.

끝으로 말씀드리고 싶은 것은 텔레비전만 보고 책을 읽지 않는 어린이의 경우입니다. 이런 아이들에게는 물론 우선은 텔레비전 시청 시간을 줄이는 것이 급선무겠지만, 책을 줄 때 어린이가 좋아하는 텔레비전 프로그램에서 어떤 종류의 이야기에 흥미를 갖고 있는가를 살펴보아 그러한 계통의 책을 골라주면 좋습니다. 예를 들어 순정 만화를 좋아하면 순정 이야기의 소설책을, 그리고 공상과학이나 탐정에 관한 프로를 좋아하면 그와 유사한 이야기책을 읽히면 좋습니다.

2. 책을 너무 많이 읽는 어린이

댁의 어린이는 책 읽는 것을 좋아하는 편입니까, 싫어하는 편입니까?

책을 잘 읽지 않는 것도 문제지만 책을 너무 많이 읽는 것도 무시할 수 없는 문제입니다. 무엇이건 간에 도가 지나쳐서 좋은 경우는 벌로 없습니다. 독서도 이와 마찬가지라고 할 수 있겠습니다.

여기서 책을 너무 많이 읽는 어린이란 자신의 생활의 조화를 깨뜨릴 정도로 독서를 많이 하는 어린이를 말합니다. 이런 어린이는 생활의 흥미가 독서에만 기울어져 있기 때문에 독서 이외의 다른 생활에서 도피하여 여러 면에서 지장을 초래하는 경향이 많으므로 특별한 지도를 필요로 합니다.

만일 댁의 자녀가 친구들과 어울려 놀지 않고 방에 틀어

박혀서 책만 읽는다면, 또 학교 공부의 예습과 복습 및 숙제 등을 게을리 하고 책만 읽는다면, 또 식사중이나 잠자리에서도 책을 읽고 자기 혼자만의 공간 속으로 도피하여 책의 세계에 빠져든다면 이 어린이는 일단 책을 너무 많이 읽는 어린이의 범주 속에 들어간다고 의심해 볼 필요가 있다 하겠습니다.

책을 너무 많이 읽는 어린이들 중에는 특별히 지능이 높은 어린이가 많습니다. 또 사회성이 부족하여 협력을 요하는 행동을 할 수 없기 때문에 개인행동으로 도피하며, 타인으로부터 받는 생활 과제를 싫어하고 자기 멋대로 하는 경향이 있습니다. 그리고 몸이 허약하므로 앉아서 하는 일을 좋아하는 어린이도 많습니다.

이들이 독서하는 모습을 살펴보면 대개의 경우 얕은 독서를 한다는 것을 알 수 있습니다. 즉, 책 내용의 알맹이를 파고들어가면서 읽지 않고 줄거리만을 따라가면서 뛰어넘기 식의 대충 훑는 정도의 독서를 한다는 것입니다. 물론 이 같은 얕은 독서로는 깊은 사고를 할 수 있는 능력을 기를 수가 없습니다. 또한 양적으로는 대단히 많은 권수의 책을 읽게 되지만 실상 머리 속에 남는 것은 별로 없게 됩니다.

책 내용의 핵심을 찾아 읽도록 하자

그러므로 책을 너무 많이 읽는 어린이들을 지도할 때에는 될 수 있는 한 책 내용의 가장 핵심이 되는 부분까지 찾아 읽도록 지도하고, 또 이런 핵심에 대해서 이야기를 하도록 지도하는 것이 좋습니다. 이 때 어린이가 책 내용의 핵심 부분을 발견해서 이야기할 때에는 칭찬을 아끼지 말아야 합니다. 이렇게 지도해 나가면 점차 뛰어 넘겨 읽는 좋지 않은 버릇도 없어지고 올바른 책읽기 방법을 터득하게 될 것입니다.

그런데 책을 너무 많이 읽는 어린이를 지도할 때 특히 주의해야 할 점이 하나 있습니다. 이들로 하여금 강제로 책에서 멀어지게 하려고 해서는 안 된다는 사실입니다. 아무리 책을 많이 읽는 어린이라 하더라도 책을 읽지 않는 어린이에 비하면 이들은 훨씬 나은 어린이라고 할 수 있습니다. 한창 책을 읽는 즐거움을 갖고 독서 습관을 들인 어린이를 책에서부터 멀어지게 할 수도 있으니 조심해서 지도해야 합니다.

또한 어떤 어린이들은 여러 외적인 요인의 복합 작용에 의하여 독서로 도피하여 책만 읽는 어린이도 있으므로 개개인의 상황을 잘 판단하여 지도해야 합니다. 한 예를 들면, 가정환경에 불만이 있어 이 괴로운 현실로부터의 도피 수단으로서 과다 독서를 하는 경우, 책 읽는 것을 금지하면 오히려 그를 독서만의 세계로 빠져들도록 하는 결과를 초래하게 됩니다. 이러한 경우에는 무조건 독서를 억제하려고 할 것이 아니라 가정환경을 자세히 돌아보고 어린이의 심리를 진단해서 그 원인을 발견하여 이를 치료하는 일이 우선되어야 합니다. 결국 그 동안 무관심해 왔던 부모가 자녀에게 깊은 관심을 보여주고 이끌어 주는 것이 선결되었을 때 효과적인 독서 지도를 할 수 있다고 하겠습니다.

끝으로 책을 너무 많이 읽는 어린이를 지도할 때 각별히 주의해야 할 점으로서 어린이가 읽는 책의 종류가 어떠한 책들인지 자세히 살펴볼 필요가 있습니다. 왜냐하면 책읽기를 좋아하는 어린이들은 무슨 책이든 간에 손에 잡히는 대로 읽어 버리기 때문입니다. 엄마 아빠가 무심히 응접실 탁자에 놓아 둔 저속한 주간 잡지도 이들에게는 하나의 읽을거리가 되는 것입니다. 이들은 그 책 속에 나와 있는 말과 줄거리의 내용에 흥미를 갖게 되고, 특히 책을 많이 읽는 어린이 중에는 지능이 높고 더러는 조숙한 어린이들도 있기 때문에 쉽게 나쁜 영향을 받아 본의 아니게 정신발달에 부정적일 수도 있습니다. 혹은 책을 읽다가 끝에는 자신이 책 중의 인물이 되어 본성을 잊는 경우가 많습니다. 따라서 책을 너무 많이 읽는 어린이들을 지도 할 때에는 어떤 책을 읽는지 꼭 살펴볼 필요가 있습니다.

3. 책을 읽고 모방하는 어린이

우리는 가끔 다음과 같은 내용을 신문이나 텔레비전 뉴스에서 듣고 보게 됩니다.

'모 초등학교 어린이 5명이 <십오 소년 표류기>를 읽고 고도로 가기 위해서 장비와 돈을 가지고 가출하였다. '만화에 탐닉해 있는 초등학교 6학년 어린이가 만화의 내용에서 사람이 죽었다가 다시 살아나는 장면을 보고 자기도 한번 해 보고 싶은 충동을 일으켜 목을 매고 죽는 시험을 하다가 그만 아깝게도 죽어 버리고 말았다.'

위의 실례들은 어린이들이 책을 읽고 책의 내용을 그대로 모방하는 데서 일어난 일들입니다. 여기서 이야기하는 책을 읽고 그대로 모방하는 경우란 어린이들이 책을 읽는 과정에서 책 속의 내용과 현실 세계와를 구분하지 못하고 혼돈함으로써 여러 가지 문제를 일으키는 경우를 말합니다. 책에서 모범이 될 만한 훌륭한 행동을 본받아서 그대로 생활에 실천하는 경우는 매우 바람직한 일로서, 물론 여기에서는 이 같은 경우를 말하는 것이 아닙니다.

책을 읽고 모방함으로써 여러 문제를 일으키는 아이들을 가리켜 전문 용어로 '독서 분열아'라고 하는데 이들은 그리 많지는 않지만 독서 문제아 중에서도 가장 골치 아픈 어린이들입니다. 위의 실례에서 보는 것처럼 경우에 따라서는 어린이의 목숨까지 앗아 가는 일이 발생하고 있습니다. 이 얼마나 무섭고도 끔찍한 일입니까? 일이 발생하고 난 후에 치료하려고 애써 보아야 아무 소용없습니다. 미리 어린이의 독서 지도에 세심한 주의를 기울여야 합니다.

그런데 독서 분열아를 지도할 경우에는 다른 독서 문제아의 경우와는 달리 그들에게서 나타나는 문제 행동이 독서에서 오는 것인지 처음에는 잘 알아차릴 수 없기 때문에 지도에 있어서 여러 가지 어려움이 따르게 됩니다. 이를테면 순정 이야기의 소설에 빠진 여자 어린이가 그 동안 매우 활달하고 말괄량이였던 소녀에서 어느 날부터인가 너무나도 조용하고 침울한 소녀로 바뀌었을 때 그 원인이 독서의 영향에 있음에도 불구하고 다른 곳에서 찾으려고 한다면 이 아이의 올바른 지도에는 많은 어려움이 따를 것이란 말입니다. 이때 평소에 아이의 독서 생활을 유심히 지켜보고 지도해 온 부모라면 금방 문제 발생의 원인을 알아차리겠지만, 그렇지 않은 부모라면 이 원인을 쉽게 알 수 없을 것입니다. 바로 이 점이 다른 독서 문제아의 경우와는 달리 독서 분열아를 지도하는데 따르는 어려운 점입니다.

만일 댁의 자녀가 책을 보는 것에 유난히 탐닉해 있다면 한번 그 내용을 유심히 살펴볼 필요가 있습니다. 또, 특별히 아이의 행동에 이상이 있다면, 예를 들어 현실과는 거리가 먼 공상의 이야기를 자주 하거나 그 같은 표현을 나타낸다면 일단 그 아이가 읽는 책이 무엇인지 유심히 살펴볼 필요가 있습니다. 왜냐하면 책의 내용을 그대로 모방하는 어린 이들은 대부분 자기가 좋아하는 어느 한 종류의 책만 읽는 경향이 있기 때문입니다.

실생활의 세계를 깨닫게 하자

만일 이런 사실이 발견되면 우선 자녀의 독서 취향을 여러 가지 생활의 이야기를 다룬 책으로 바꿀 수 있도록 지도하는 것이 좋습니다. 즉, 공상 이야기만 읽는 어린이라면 전기 이야기나 생활 동화 같은 책을 주고, 슬픈 내용의 순정 이야기만 읽는 어린이라면 명랑 소설의 이야기를 주는 것이 좋을 듯합니다. 이 같은 책을 구해 줄 때에는 브모가 사서 직접 주는 것보다는 가족끼리 쇼핑이나 외식을 하고 난 뒤 서점에 들어가서 서로 권해 보는 형식으로 해서 구입하는 것도 좋은 방법이라 하겠습니다.

한편 책의 내용을 그대로 모방하는 어린이들에게는 그들 생활의 현실 세계 속에서 행동하도록 지도할 필요가 있습니다. 다른 아이들과 활발하게 행동하다 보면 책 속의 내용에만 빠지는 것에서 탈피할 수 있을 뿐만 아니라 책 속에 나타나는 내용과 현실을 혼돈한 일이 없을 것입니다. 또한 이들에게는 책의 내용은 표현상 현실과는 다르게 씌어 있는 경우가 많다는 것을 수시로 깨우쳐 주어야 합니다. 물론 어린아이의 경우에는 더욱더 그러합니다.

그리고 다른 어느 어린이의 경우에도 마찬가지겠지만 책의 내용을 모방하는 어린이들에게는 특히 부모의 세밀한 지도가 필요합니다. 아이의 문제 행동을 놓고 이것이 책의 내용에서 그대로 모방한 것이라고 판단하기는 쉽지 않으며, 어느 정도 꾸준히 독서 지도를 해 온 부모만이 이 문제의 근원이 독서의 영향에서 온 것이라는 사실을 쉽게 판발할 수 있기 때문입니다.

끝으로 한 가치 더 말씀드리고 싶은 것은 대개의 경우 허무맹랑한 내용의 만화책을 많이 읽는 어린이들 중에 책의 내용을 그대로 모방 다는 어린이가 많다는 사실입니다. 이 같은 사실을 놓고 볼 때 독서 분열아의 지도에는 반드시 만화에 대한 지도가 뒤따라야 한다는 것을 알 수 있습니다. 만화 지도에 대해서는 다음 절에서 상세히 다루기로 하겠습니다.

4. 만화만 보는 어린이

자녀가 독서는 하지 않고 만화책만 보려고 한다며, 호소해 오는 부모님들이 많습니다. 자녀들의 만화 때문에 고민해 보지 않은 부모가 없을 정도로 어린이, 특히 초등학교 어린이들의 생활에 만화가 차지하고 있는 비중은 매우 크다고 하겠습니다.

하지만 자녀들이 만화책을 보는데 대한 부모들의 태도는 그 어떤 것에서보다도 가장 규제가 강한 것으로 나타났습니다. 실제로 1980년대 말 한국 출판 연구소가 조사한 결과에 의하면 자녀가 만화책을 보는데 대해 아무 상관도 하지 않는다는 부모는 불과 23%에 지나지 않고, 읽고 있는 만화에 따라 허락하거나 안 한다가 19%, 공부에 방해가 되어 되도록 못 보게 한다가 46%, 공부에 방해가 되어 전혀 못 보게 한다가 6%, 무조건 못 보게 한다가 5%의 비율로 나타나 전체적으로 조사 대상자의 76%가 어떠한 형태로든 자녀들의 만화 접촉을 규제하고 있는 것으로 나타났습니다.

'만화만 보면 훌륭한 사람 못 된다.'

'만화만 보고 공부는 언제 하려고 하니?'

부모들은 만화에 대해 지극히 부정적인 태도를 보입니다. 자녀들의 만화 보는 문제를 언제까지나 골칫거리로 안고 있을 수만은 없습니다. 만화란 어린이들이 보아서는 정말로 나쁜 것인지, 아니면 좋은 점도 있는지, 만화책을 보게 할 때에는 어떻게 지도해야 할지, 이 여러 문제에 대하여 알아보기로 하겠습니다.

만화는 어떠한 면에서 어린이들에게 좋고 나쁜가

어린이들이 만화를 좋아하는 것은 너무나도 당연한 일입니다. 그러면 왜 이토록 어린이들은 만화를 좋아하는 것일까요?

우선 만화는 읽기 쉽습니다. 낱말의 뜻을 몰라도 쉽게 읽을 수 있습니다. 또, 이야기가 빠르게 전개되어 나가기 때문에 지루함이 없고 흥미진진합니다. 그러므로 만화책은 누구나 부담 없이 손쉽게 볼 수 있습니다.

특히 어린이들은 유머를 좋아하고 행동하려는 의욕과 모험하려는 의욕을 갖고 있는데, 이러한 어린이들의 의욕을 만화가 채워 주고 있을 뿐만 아니라 어린이의 생활에 웃음과 부드러움을 주고 있습니다.

어린이들이 만화에 이끌리는 또 하나의 이유는 만화가 어린이 세계에서 우정을 유지시키는 하나의 수단이 된다는데 있습니다. 어린이 세계에서 친구들끼리 만화를 서로 빌려 주고 빌려 받기도 하며 만화에서 본 내용을 놓고 서로의 의견과 생각을 교환하는 과정에서 만화는 우정을 연결시키는 수단이 되어 자연히 어린이들은 만화를 즐겨 읽게 됩니다.

다음은 만화책이 어린이들에게 어떤 면에서 좋지 않은가를 살펴보겠습니다.

만화책을 자주 접하다 보면 어린이들은 궁극적으로 만화 이외의 다른 독서를 싫어하는 경향이 있게 됩니다. 깊이 생각하는 노력이 뒤따르지 않고도 그저 쉽게 즐겁게 볼 수 있는 만화만을 보다가는 사고력이 약해집니다.

또한 만화책에서 나쁜 말이나 속된 말을 배우고 버릇이 나빠지는 등 전반적으로 생활 태도가 나빠질 우려가 있습니다. 왜냐하면 만화에는 불건전한 내용이 많기 때문입니다. 사실을 왜곡하여 나타낸 것이 많고 지나치게 황당무계한 내용이 많습니다. 뿐만 아니라 사용하는 단어에 있어서도 맞춤법이 틀린 것이 많고, 거칠고 잔인한 단어가 많습니다.

이상에서 살펴본 바에 의하면 만화란 우리 어머님들이 생각하듯이 나쁜 점만 갖고 있는 것이 아니라 동시에 좋은 점도 갖고 있다는 것을 알 수 있습니다. 단지 문제가 되는 것은 불량 만화고, 이러한 것만을 즐겨 읽는 경우 입니다. 그런데 많은 부모들은 자녀가 만화책을 읽는 것을 보기만 해도 기겁을 하고 무조건 읽지 못하게 하고 있습니다. 하지만 이렇게 하면 오히려 자녀로 하여금 음성적으로 만화를 보도록 이끄는 결과만을 낳을 뿐입니다.

엄마가 만화를 통제하지 않는 가정의 어린이가 학교에서 만화책을 한 보따리 가져왔기에 그 엄마가 물어 보았더니 '우리 반 친구들이 자기 엄마는 만화를 못 보게 하기 때문에 이따가 우리 집에 와서 보겠다면서 먼저 만화책을 갖다 놓아 달라고 부탁한 거야.'라고 어린이가 대답했다는 실례도 있습니다. 또, 만화책 보는 것을 금한 필자 친구의 아들이 어느 날 어두워질 때까지 학교에서 돌아오지 않아 동네를 샅샅이 뒤져 보았더니, 좁고 어두 운 만화방에 있더라는 이야기를 들은 적도 있습니다.

아무튼 오늘날 만화의 홍수 속에서 살고 있는 어린이들을 만화로부터 분리시킨다는 것은 현실적으로 어려울 뿐만 아니라 별로 바람직한 일도 아닙니다. 오히려 만화를 독서 지도에 잘 이용하기만 하면 어린이에게 독서 습관을 길러 줄 수 있습니다. 요즈음 꼭 읽어야 할 좋은 책들도 어린이들이 흥미를 갖고 쉽게 읽을 수 있도록 만화로 엮어져 나오지 않습니까? 어머님들, 어떻습니까? 만화 보지 말라고 매일 자녀에게 언성을 높이시겠습니까? 아니면 조금 지혜를 발휘하여 자녀와 좋은 관계를 유지함은 물론 독서도 하게 하는 일석이조의 효과를 얻으시겠습니까?

만화를 독서 지도에 이용하려면

어린아이들은 책을 읽으라고 하면 별로 좋아하지 않습니다. 그래서 대개의 경우 읽기 싫어하는 아이에게 강제로 책을 읽히고 있으며, 이는 오히려 훗날의 독서 생활에 좋지 않은 영향을 주게 됩니다.

그러나 어린이들은 대개 만화를 읽는 것을 매우 좋아 합니다. 어린이의 이 같은 경향을 고려하여 만화를 독서 지도에 이용하면 큰 성과를 얻을 수 있습니다. 이 때 한 가지 유의해야 할 점은 어린이에게 어떠한 만화를 골라 주느냐 하는 것이 가장 중요한 문제라는 사실입니다. 물론 좋은 만화를 선정해야 합니다. 만일 만화책 선정을 제대로 하지 못하여 혹시 불량 만화를 어린이에게 주었을 때 여기에서 오는 나쁜 영향은 이루 말할 수 없이 큰 것입니다. 그러면 좋은 만화는 어떻게 선정해야 할까요?

좋은 만화에는 우선 어린이의 꿈을 키울 수 있는 내용이 담겨 있어야 합니다. 그리고 유행어나 저속한 말이 없는 것이어야 합니다. '딱', '팟', '앗' 등의 외마디소리가 많은 만화책일수록 그 내용은 거의 저속한 것이 많다고 합니다. 특히 죽이고 죽는 장면이 없고 너무 비극적인 내용이 아닌 것이 좋습니다. 또, 그림이 정확하고 글이 많지 않으며, 선명하게 인쇄된 책을 골라 주어야 합니다.

좋은 만화책을 선정한 후에는 부모가 함께 읽는 것이 좋습니다. 4, 5세 정도의 아이들에게는 그림 위주의 만화로 글을 깨우치고 책 읽는 즐거움을 알게 해주며, 초등학교 1, 2학년 정도에게는 부모가 같이 읽어 가면서 그 속에 나오는 여러 용어들을 설명해 주어 만화책을 교육 자료로 이용함은 물론 책 읽는 즐거움을 알게 해 줍니다. 이러한 과정에서 만일 만화책에서 허무맹랑한 이야기나 비교육적인 이야기가 나왔을 경우에는 그 이유를 들어 그 같은 만화책은 읽지 말아야 함을 깨우쳐 주도록 합니다. 한편, 고학년 어린이의 경우에는 부모가 어린이의 취향을 파악하여 그에 부합하는 만화책을 주도록 합니다. 예를 들어 과학에 흥미를 갖고는 있으면서도 독서 하기는 싫어하는 어린이가 있다면 과학 만화책을 주어 읽도록 하고, 점차 과학 이야기책을 읽도록 지도합니다.

이 때 결정적으로 중요한 일은 어떤 어린이에게 만화책을 주었든지 간에 적정한 시기에 만화로부터 독서로 취미를 옮길 수 있도록 하는 일입니다. 여기에서 만화 이외의 다른 책을 어린이에게 구입해 줄 때에는 가능한 한 내용이 쉽고 다양한 변화가 있으며 독서할 어린이의 흥미에 맞는 책을 주어야 합니다. 그래야만 만화로부터 독서로 쉽게 습관을 들일 수 있습니다.

5. 한쪽 방면의 책만 읽는 어린이

어린이들 중에는 독서를 한쪽 방면으로만 치으쳐서 하는 아이들이 많습니다. 명랑 소설만 읽는 어린이, 순정 이야기만 읽는 어린이, 과학 이야기만 읽는 어린이 등 각양각색입니다. 이러한 어린이는 물론 앞서 이야기한 독서 문제아들에 비하면 그리 크게 문제아라고 할 수는 없습니다. 하지만 편식을 하면 건강에 좋지 않은 것과 마찬가지로 많은 책들을 골고루 읽지 않고 어느 특정 부분만 읽게 되면 아무래도 여러 가지 면에서 좋지 않기 때문에 어느 정도 문제가 된다고 할 수 있겠습니다. 이를테면 싸움 장면이 자주 등장하는 폭력 스타일의 책만 읽게 되면 난폭해지기 쉽습니다. 또, 슬픈 내용의 주인공 이야기를 담은 순정 이야기만 읽게 되면 우울증에 걸릴 수도 있습니다. 그 외에도 한쪽 방면의 책만 읽는다는 것은 결국 한 가지 일에만 열중한다는 것을 의미하며, 그 밖의 다른 것에는 시선을 돌릴 수 있는 마음의 여유를 가지지 못하기 때문에 폭넓은 성격이 형성되지 못합니다.

그럼에도 불구하고 어머니들은 자녀가 한두 가지 음식에 국한하여 식사하면 그 옆에 앉아서 영양분을 골고루 섭취해야 한다며 억지로 먹이기까지 하면서도 편독하는 문제에 대해서는 별로 신경 쓰지 않는 것 같습니다. 음식물을 골고루 섭취하지 않으면 신체가 균형 있게 발달하지 못하듯이 여러 종류의 책을 골고루 독서하지 않으면 정신건강 측면에서 조화로운 발달을 이루기 어렵습니다. 이제부터라도 어머니들은 자녀가 책만 붙들고 있으면 무조건 좋아할 것이 아니라 과연 어떠한 책을 읽고 있는지 관심 있게 살펴볼 필요가 있습니다.

한쪽 방면의 책만 읽는 어린이를 가리켜 전문 용어로 독서 편향아라고 합니다. 대개의 경우 흥미 본위의 오락도서나 그 밖의 과학이나 문학도서의 좁은 주제에 몰두해 있는 어린이들 중에 독서 편향아가 많습니다. 그리고 대부분 한번 책을 잡으면 몇 시간이고 계속해서 정신없이 책을 읽는 어린이 중에 독서 편향아가 많습니다. 그러나 간혹 연령이나 기타 여러 조건으로 인하여 일시적으로 자기가 흥미있어 하는 책만 읽는 경우도 있기 때문에 독서 편향아인지 아닌지는 장시간 동안 세심한 관찰을 해야 할 필요가 있습니다.

시야를 넓게 해주는데 중점을 두자

독서 편향아를 지도하는데 있어서는 그들 생활 전체의 조화를 깨뜨리지 않는 범위 내에서 해야 합니다. 만일 그들이 좋아하는 탐정 소설이나 순정 소설을 갑자기 읽지 못하게 하면 아마 부모가 보지 않는 곳에서 숨어서 책을 읽거나, 아니면 이상한 반항심을 일으킬 것입니다. 이런 어린이들은 어떤 계기만 있으면 얼다든지 자기 스스로 독서 영역을 넓혀 나갈 수 있기 때문에 성급해하지 말고 차분히 지도해 나가야 할 것입니다. 특히 편독할 정도 같으면 초등학교 4, 5학년 이상이므로 조용히 설득시키고 이해시키면서 지금 보는 종류의 책 양을 차츰 차츰 줄이고 다른 종류의 책을 보도록 하는 것이 바람직합니다.

독서 편향아를 지도할 때에는 시야를 넓게 해 주는데 중점을 두어야 합니다. 다시 말해서 현재 그 어린이가 심취해 있는 책 말고도 보다 재미있고 유익한 책이 얼마든지 많이 있다는 것을 일깨워 주어야 합니다. 저녁 식사 후, 혹은 일요일 날 가족들끼리 모여앉아서 서로 감명 깊게 읽었던 책 줄거리를 재미있게 이야기하면서 권하는 것도 한 방법이라 하겠습니다. 또 다른 방법으로는 한 권의 책을 다 읽었을 때마다 독후감을 쓰게 하는 것입니다. 독후감을 쭉 써나가면 아무래도 언젠가는 자기가 편독하고 있다는 사실을 스스로 깨닫게 될 것입니다.

보다 적극적인 방법은 학교 선생님이나 독서 상담가의 조언을 얻어 자녀의 학년에 적합한 필독서 목록을 정하여 한 권씩 읽어 나가도록 하는 것입니다. 이때 읽은 책의 이름을 벽에 써내려가도록 하면 좋습니다. 흰 종이를 책상 앞에 붙이고 어린이가 읽은 책의 일련 번호, 책 이름, 지은이를 써내려가게 합니다. 어린이는 아마 자기가 읽은 책의 이름을 만족스럽게, 그리고 정성스레 써내려 갈 것이고, 어느 정도 시일이 지나면 그 번호를 채우면서 남에게 자랑하기 위해 더욱 열심히 읽게 될 것입니다. 이렇게 하는 과정에서 차츰 자기가 흥미 있어 하는 책만 읽는 경향에서 벗어나 필독서 목록에 있는 여러 종류의 책들을 하나씩 읽게 될 것입니다.

각종 서점에 가서 자문을 얻는 방법도 바람직합니다.

● 저자 ●

권이종

전주신흥고등학교 졸업 (1958-1961), 파독광부(1964-1967)
독일 아헨 교원대학교 졸업 및 초·중학교 교사 자격취득, 석사 박사학위 취득
(1968-1979), 파독광부로 근무 (1964-1967), 전북대학교 교육학과 교수(1979-1984),
문교부 상임 자문위원(1981-1983), 한국교원대학교 생활관장, 학생생활연구소장, 연
구원장(1985-1990), 한국교원대학교 도서관장, 연수원장 (1993-1996), 문화관광부 청
소년정책 자문위원 (1988-2003)
대통령 자문 새교육공동체위원회 위원 (1998-2000),
한국청소년학회 학회장 (2000-2001), KBS객원 해설위원 (2002-2003)
(현)대통령 산하 청소년보호위원회 위원,
(현)유네스코 한국위원회 제25대 위원
(현)대통령 자문 긴주평화통일자문회의
　　　체육청소년분과위원장
(현)한국교원대 교수
(현)한국청소년개발원 원장

저서
『청소년의 두 얼굴』, 『폭력은 싫어요』(공저), 『내일에 사는 아이 어제에 사는 어른』,
『청소년 유해 환경』(공저), 『청소년 교육개론』, 『교수가 된 광부』외 다수

가정교육 시리즈 3

● **학습지도란** : 부모의 역할·학습지도·도서지도

● 초판 인쇄	2004년 7월 10일
● 초판 발행	2004년 7월 15일
● 지 은 이	권이종
● 펴 낸 이	채종준
● 펴 낸 곳	한국학술정보㈜
	경기도 파주시 교하읍 문발리 538-2
	파주출판문화정보산업단지
	전화 031) 908-3181(대표) · 팩스 031) 908-3189
	홈페이지 http://www.kstudy.com
	e-mail(e-Book사업부) ebook@kstudy.com
● 등 록	제일산-115호(2000. 6. 19)
● 가 격	19,000원

ISBN　89-534-1816-X 94590 (Paper Book)
　　　　89-534-1820-8 94590 (Paper Book 세트)
　　　　89-534-1817-8 98590 (e-Book)
　　　　89-534-1823-2 98590 (e-Book 세트)